プラスチック製品設計者1年目の教科書

落合孝明 著

日刊工業新聞社

はじめに

製品設計とは実際に制作する製品を図面化したものです。製品製作の道標となります。

昨今では3次元化が進んでおり、紙ベースの2次元図面は省略されることも多いですが、製品設計として必要な知識に変わりはありません。

ひとつの製品を開発するためには機能とデザインを両立する必要があります。

ここでいうデザインとは、見た目のかっこよさだけではなく、使いやすさ、メンテナンス性など非常に広い意味を持っています。どれだけ優れた機能を持っていても、デザインがイマイチでは良い製品とはいえません。さらにどれだけ良いデザインでも、作ることができなければ結局意味がありません。優れた機能も良いデザインも、市場に出せるから意味があるのです。

また、樹脂製品を量産するためには金型が必要になります。すなわち製品設計には優れた機能、良いデザイン、金型を意識した量産性を含んでいる必要があります。本書はその中でも金型での量産性を意識した製品設計を行うために必要な項目について、金型の知識がない方にも理解していただけるようになるべく平易に解説しました。

本書はコロナ禍の中、多くの方にご協力いただき執筆させていただきました。少しでも皆様の設計業務のお役に立てていただければ幸いです。

2021年6月

落合　孝明

目　次

登場人物紹介

落守（おちもり）

金型メーカー「エム金型」に勤める金型設計者。10年目の中堅

原しずか

モノづくり系ベンチャー企業に入社した新人デザイナー

滑川（なめりかわ）

モノづくり系ベンチャー企業に勤める新人デザイナー。原しずかの先輩

第0章

製品設計を始めよう

原しずかは滑川くんの後輩で、ものづくり系のベンチャー企業に勤める新人デザイナーです（書籍『金型設計者 1 年目の教科書』参照）。原さんの勤める会社では、デザイナーがデザインだけではなく製品設計も行っています。このたび自社商品の企画として次のような IoT 機器を作るコトになり、原はそのデザインを初めて担当しました。

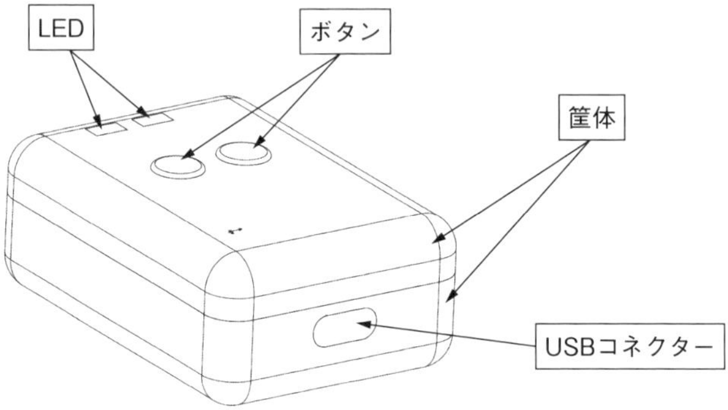

原がデザインを担当する IoT 機器は、ボタンを押すとセンサーが動作する装置です。電源の ON／OFF とセンサーの強弱調整のためのボタンが 2 つ、動作を知らせる LED が２つ、充電用の USB 端子が 1 つ、これらを制御する基板が内蔵されます。これら内蔵部品を上下のカバーで保護します。

いよいよ量産かぁ、ここまで本当にいろいろとあったなぁ……

初めてだから大変だったでしょ？

あ、落守さん。

落守は取引先である金型メーカー「エム金型」のベテランの金型設計者

です。原は量産化するために落守に指導をお願いしました。

ものづくりでは、実際にデザインされたものがそのまま製造できるとは限りません。そのため、製品を作る過程ではデザインの次に設計の要素が必要になります。今回の製品で原は金型設計者である落守にアドバイスをもらいながらデザインした製品を量産可能なものとなるように設計をします。

自分が想像していたより数倍大変でした。デザインナーとはいえ、デザインだけしていればいいってわけではないんですね。

そう、ひとつの製品を作る過程にはさまざまな要件がある。当然、デザインが良くても他の要件があてはまらなければせっかくのデザインも意味がないということになる。デザインしたものを実際に作れる形にするのが設計というわけだ。

ご指導お願いします！！

では、量産に至るまでにはどのような過程を経るのでしょうか。まずは原と一緒に製品ができるまでの過程を振り返りましょう。

○製品ができるまで

具体的な製品設計の話をする前に、まずは確認の意味でも製品開発の全体の流れをみてみよう。いうまでもなく、ひとつの製品を企画の段階から量産化するまでにはさまざまな段階を踏まなければならない。厳密にいえば、製品開発ではマーケティングやコストなど複数の要因を考慮して進めていくわけだけど、今は設計・製作といった製造の側面のみで話を進めるよ。

わかりました。

製品を作る過程をものづくりの目線でみてみるとざっとこんな感じになるよね。

1. まずは企画が立ち上がる
2. 立ち上がった企画に応じて、機能設計・試作・検証を行い、条件を満たす機能を決める（原理試作）
3. 次にデザインを行い、それをもとに試作・検証を行う（デザイン試作）
4. 検証で承認された機能・デザインをもとに量産を視野に入れた製品設計・量産前試作を行う（量産前試作）
5. 原理・デザイン・量産前試作の検証は満足のいく結果が得られるまで繰り返す
6. 仕様を満たす試作品が完成したら、量産に移行する
7. 完成した量産品を検査し、問題がなければ市場で販売する

こうしてみると、ひとつの製品を作るのって大変ですね……

うん、必ずしもこの順番で製品を作っていくわけではないけど、簡単ではないよね。

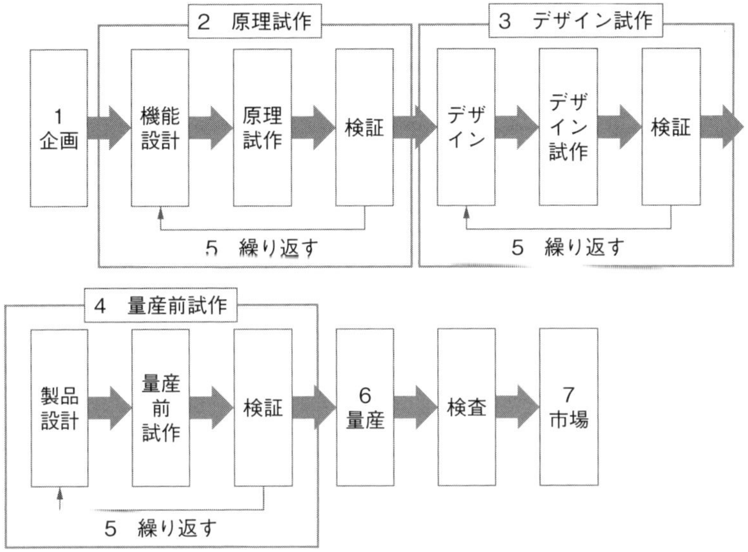

○おもな試作の方法

ここで試作についても少しおさらいしておこう。製品開発においてまず我々がやらなければならないのが、デザインや機能に応じて試作・検証をしていくことだ。量産までは大きく次の３つの段階の試作を行う必要がある。

1. その製品の機能や性能を確認・限定するための『原理試作』
2. 市場ニーズや使いやすさを意識した外観を選定するための『デザイン試作』
3. 原理試作・デザイン試作の結果を踏まえ量産を意識した『量産前試作』

それぞれの段階で試作・検証を繰り返し、満足する結果を得られれば、試作の結果を踏まえていよいよ量産へと移行することになる。

開発環境によって原理試作とデザイン試作が同時に進行したり、デザイン試作の段階で量産前試作も考慮されたりと、この順番は前後したり省略されたりする場合もあるけれど、基本はこの３段階の試作を通して製品が作られると思っていて間違いはない。それぞれの試作に関しては、詳細を表にまとめたので見ておいてね。

わかりました。

表　３つの試作とその概要

段階 1.	原理試作
その製品の機能や性能を確認・限定するための試作。あくまで機能を限定することが目的なので外観はまったくこだわらない。 例えば、人が通ったことを検知して LED が点灯する装置の原理試作を製作する場合。目的は仕様を満たす基板、検知センサー、LED などを選定することなので、部品交換などをしやすく作ることが重要であり、性能確認ができればよいので外観のケースなどはこの段階ではどんな形でもよい。	
段階 2.	デザイン試作
『原理試作』とはまったく逆で、市場ニーズや使いやすさを意識した外観に重点をおいた試作。人間工学や使用環境に従ってすすめる。また、『原理試作』で内部構造が決まっていればそれが収まるようにデザインをする。 例えば、シャワーヘッドのような手で持つ製品であれば、持ち手に合わせて複数の形状を製作し最適な形状を選ぶ。昨今では 3D プリンターの普及・低価格化によってこの形状の選定は非常にハードルが下がった。	
段階 3.	量産前試作
『原理試作』『デザイン試作』の段階では、量産は意識されずに試作されている。そのため『量産前試作』の段階で、金型で製作できるように製品設計をし直し、それを試作・検証を行う必要がある。 金型で製作できるように設計するということは量産性を向上させるということであり、この段階で原理やデザインに影響がでることもある。金型を意識して製品設計を行うと、デザインの印象が大幅に違ってくる場合も多々あるので、特にデザインとのすり合わせは重要となる。	

○試作と量産の違い

今回は原理試作、デザイン試作は終わって量産前試作の段階ですね。

そうだね。試作と量産では必要な数量が異なるので製作方法も異なってくるのが一般的だ。

確かに試作は2〜3個あれば十分ですものね。

うん。それに対して量産では何千、何万という数を作るわけだから、当然、量を意識した製造方法を採用する必要がある。

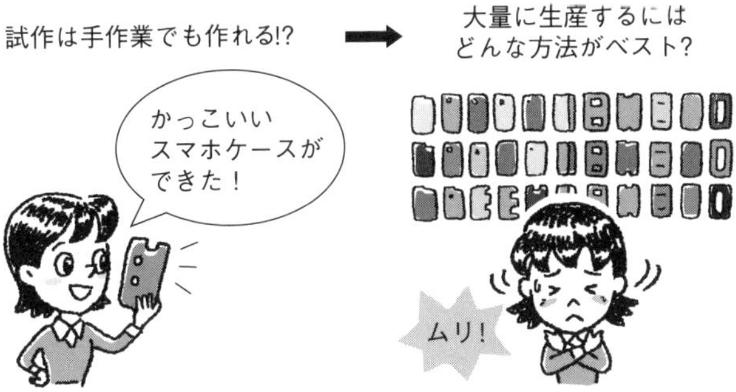

今回のデザイン試作は3Dプリンターを使っています。

もし量産のときにも同じ3Dプリンターで製作したらどうなるかな？

形状は作れますが、時間とコストがものすごくかかりそうですね。

そう、その通り。金型の場合、製品自体のコストは低くなるが初期コストとして金型代が発生してしまう。対して3Dプリンターや切削加工で製品を作った場合には、製品単価は高くなるが金型代は当然かからないので初期コストを抑えることができる。さらにいうと、いきなり金型を製作してしまうと修正があったときに金型の修正は非常に手間になる。特に初期の段階の試作は修正があって当たり前だからね。

金型は高価なもの！
いきなり製作するのは危険!!

なるほど。そう考えると試作で金型を作るのは結構なリスクになりますね。

うん、金型を修正するよりは3Dプリンターとか切削加工で試作を進めていったほうが手軽でいいよね。もちろん、必ずしも試作で金型を製作してはいけないというわけではない。量産は金型で成形・製作するわけだから、試作の段階で金型を使えば、量産とまったく同じ条件で試作検証することができる。実際に試作がある程度進んだ段階で金型を立ち上げる場合も多々あるんだ。

確かに同じ条件で試作検証ができるのは大きいですね。

特に人の命に関わるような製品を作る場合は、試作がある程度進んだ段階で金型を製作して、量産と同じ条件で検証をするのが間違いないよね。

どうしてですか？

量産と同じ条件ということは、実際に市場に出る製品と同等ということだからね。やはり他の方法と比べて信憑性が高くなる。いずれにしても、製品開発をするにあたってどの方法で試作を行うのか、どの段階で金型を作るのかという判断が必要になるね。

表　おもな試作の加工方法

加工方法	メリット	デメリット	製品単価
3D プリンター	データがあれば手軽に造形できる	強度が落ちる 加工時間がかかる	高い
切削加工	強度を持った製品ができる	加工時間がかかる	↑
金型	量産と同じ条件で製作できる	初期コスト（金型代）が発生する 修正が難しい	低い

※製品の形状や加工条件等によって異なる

○製品の仕様を理解する

量産にしろ、試作にしろ、製品開発においては何はともあれ製品の仕様を理解しなければ始まらない。仕様とは大雑把にいってしまえば「何を作るのか？」だ。

その製品の目指す着地点を理解することは非常に重要なことだ。仕様を確認せずに開発を進めていっても、それは地図を見ずに知らない場所を目指すようなもので迷走することになってしまう。

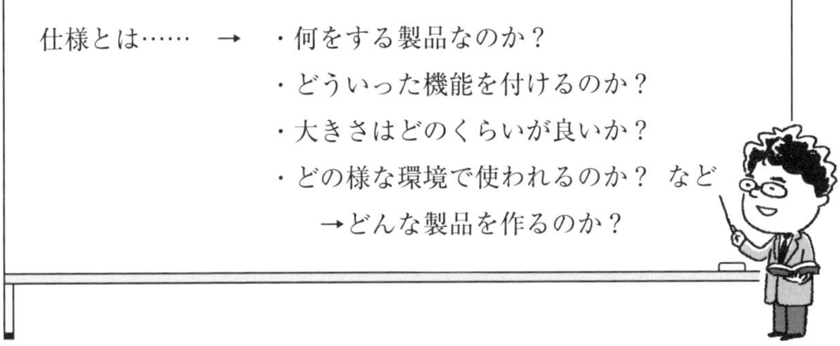

仕様とは……　→
・何をする製品なのか？
・どういった機能を付けるのか？
・大きさはどのくらいが良いか？
・どの様な環境で使われるのか？　など
→どんな製品を作るのか？

なるほど、それはそうですね。

もちろん製品開発の初期段階で、完璧な仕様ができていることはまずないといっていいし、開発の工程で仕様が変更になることは多々あるので、製品開発の過程で仕様を詰めていくことになる。仕様は仕様書として書類化されることが一般的なので、製品開発をするのであればその仕様を適宜確認し、常にブラッシュアップしていくことが重要になる。

わかりました。

表　詰めるべきおもな仕様要件

その製品はどのような目的で使われるのか？	製品の根本となる機能
製品の外観はどのようにするか？	大きさ、形、重量、色、模様
どのような環境下で使われるか？	気温（耐熱性）、直射日光（耐候性）、液体（耐水性）、粉塵、ガスなど
環境への配慮はどのようにするか？	リサイクル性、使用部材の選定など
どのような負荷がかかるか？	強度、衝撃
どのようなインターフェースを使うか？	外部との接続方法、製品の操作方法（ボタン式、タッチパネル式など）

○仕様は肝！

これは個人的な考えだけど『仕様』とは、言い換えればその製品の『肝』なんだ。

肝ですか？

そう肝。これから量産設計をしていくわけだけど、試作で作られた製品が量産では成立しないということはよくあることで、珍しいことではない。それを製品設計の段階で量産向けに修正していくことになる。

そうですね。

そこでその製品に対して『肝』を知っているのと知らないのとでは修正の仕方が大幅に変わってくる。

例えば、外観のデザインで『肝』となる部分が量産では難しいデザインだったとしても、そこが『肝』となるのであればそのデザインを採用するべきだ。あるいはコストの面などから『肝』の部分を修正せざるを得なかったとしても、その『肝』を意識した修正を提案することができる。『肝』を理解せずに、ただ作りやすさやコストダウンの目的で修正をしてしまうのは、その製品の根本・コンセプトを崩し兼ねないし、その製品自体がブレたものになってしまう。

そうなってしまうと本末転倒ですね。

そうだよね。「製品のどの部分が肝なのか？」その製品の仕様を詰めていくこと。これは製品開発において非常に重要なことなんだ。

わかりました。

○量産のために金型について知ろう

さて、ここまで試作や仕様について説明してきたわけだけれど、今回進めていくのは量産のための製品設計だ。

表　金型の種類と特徴

金型の種類	特徴・用途
射出成形金型	射出成形機に取り付けられた金型により、プラスチック材料の溶融から射出、冷却を行うことにより形状を作る。自動車や家電、携帯電話の外装など、多くのプラスチック製品に用いられている
ブロー成形型	空気などのガスを原材料に噴きつけて金型に押し付け、製品を作る金型。ペットボトル、ガラス瓶などに用いられる
プレス金型	材料である鋼板、非鉄金属などに対して抜き、曲げ、絞りなどの加工をするための金型。ほぼ均一な厚みのものを加工するのに適している。自動車、家電、雑貨など多方面にわたる部品の製造のために利用されている
鍛造用金型	棒網材、非鉄金属などを材料として自動車の重要保安部品、建設機械部品などの製造のために用いられている。加工される部品のおもなものに自動車のクランクシャフト、オートバイ部品、ジェット機のファンなどがある
鋳造用金型	シェルフモールド、ロストワックス、重力鋳造、圧力鋳造などの各種金型に分類され、アルミ合金などを材料として、工業用部品、建設機械部品、農業機械部品などの製造に用いられる
ダイカスト金型	鋳造型の一種で、溶融させた金属を直接金型に注ぎ込んで鋳造を行い形状を作る。材料であるアルミ合金、亜鉛合金などを加工し、自動車、精密機械、家電などの部品を製造するために用いられる
押し出し金型	アルミサッシのレールなどの長尺物の成形を行う。アルミやプラスチックなどの母材を目的形状の断面を持つ押し出しダイスに対し押し付けることで、均一断面の長尺製品を作成する
回転成形型	マンションの屋上にあるような大型タンク容器・ローリータンクなどの大型ポリタンク製品を作るための金型。金型を熱し粉末状の材料を入れ、金型自体を回転させて成形させる
真空（圧空）成形型	樹脂のフィルムやシートを加熱・軟化させ、これを目的とする形状の型に当てて成形する方法。型はシートを当てる片面だけでよいので型費は抑えられるが後処理を必要とするので製品単価は高くなる。複雑な形状や寸法精度が要求される成形品には不向き

そうですね。さきほどの試作のお話でいくと、今は原理試作・デザイン試作が終わっていて量産前試作の段階になります。

量産前試作というぐらいだから、試作とはいえ量産を意識した設計をしていかなければならない。量産は金型で行うので、ここでいう製品設計は金型で成形できる設計をしなければならない。

それが今までの試作と違う点ですね。

そういうことだね。ここで一口に金型といってもいろいろな種類があるってことを知っておいてほしい。

いろいろな種類ですか？

そもそも金型というのは、金属の伸びたり曲がったりという塑性（力を加えて変形させたとき、その力を除いても変形がもとに戻らない現象）や、プラスチックの流動性といった材料のさまざまな性質を利用して製造するための金型の総称をいうんだ。だから単に金型といって

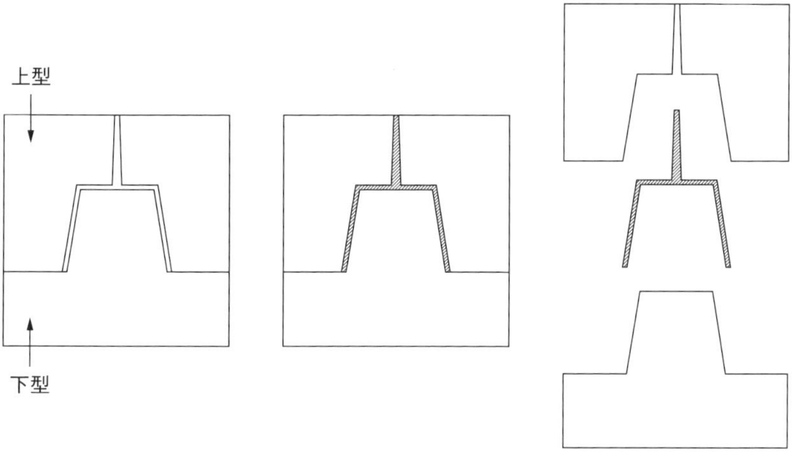

樹脂が流れる前の金型　　金型に樹脂が流れた状態　　樹脂が冷却固化され金型から製品を取り出す状態

も材料は樹脂とは限らないし、実は樹脂を成形する金型にもいろいろな種類がある。

今回作る射出成形金型は、樹脂を成形する金型では一番一般的な金型といっていいね。

そうなんですね。

金型は金属の固まりを削り出して製品部分を作る。その金型に溶解した樹脂を流し込み、金型内で冷却・固化された後に製品を金型から取り出す。この金型にはさまざまな制約があるので、量産に向けた製品設計においてはこの金型で成立できる形状に設計する必要がある。

それがこれから教えていただく製品設計になるわけですね。

そういうことだね。それじゃあ、具体的に見ていこう。

よろしくお願いします。

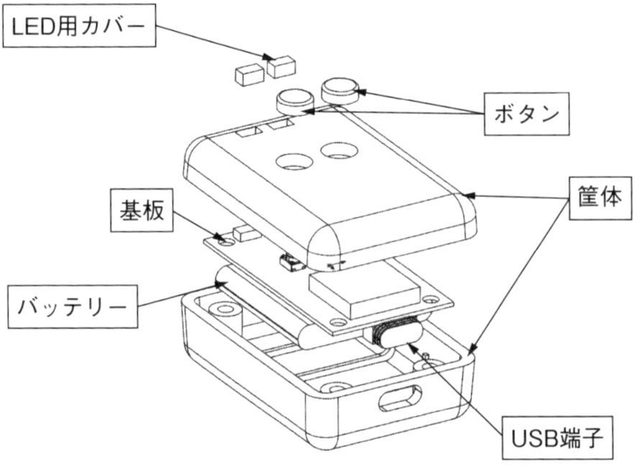

今回の製品　展開図

第1章

これだけはおさえたい
プラスチック製品設計の
4大ルール

量産するにあたっては、製品設計で気をつけなければいけないことは山ほどある。簡単にそのすべてを教えることは正直いって難しい。

え？　どうしたらいいですか？

全部を教えるのは難しいけれど、そのなかでも、特に最低限抑えておきたい点をまずは教えようと思う。

最低限ですか？　それはいくつぐらいあるんでしょう？

4つかな。この4つを抑えておけば最低限の製品設計は進めることができる。逆にいえば、この4つをおさえないで量産に向けて製品設計をすることはできないといえる。

なるほど重要ですね。

それが次の4点だ。

製品設計のためにおさえておくべきポイント

1. 抜き勾配
2. 肉厚
3. 角R
4. アンダーカット

この４つをおさえておけばいいんですね。

さっきもいったとおり、製品設計で知っておくべきことは山ほどあるんだ。この４つはあくまで最低限おさえていなければいけないこと。必ず覚えてほしい。

わっ、わかりました！！

では、それぞれひとつずつ説明していくよ。

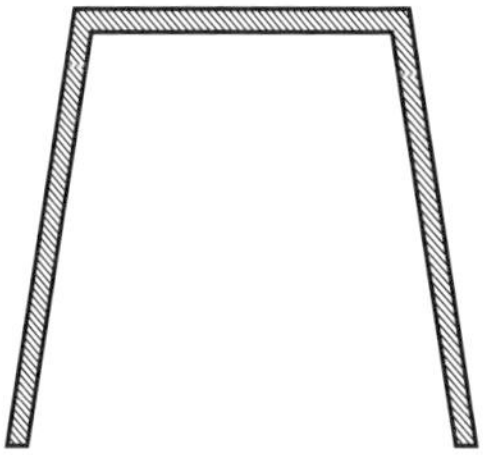
抜き勾配

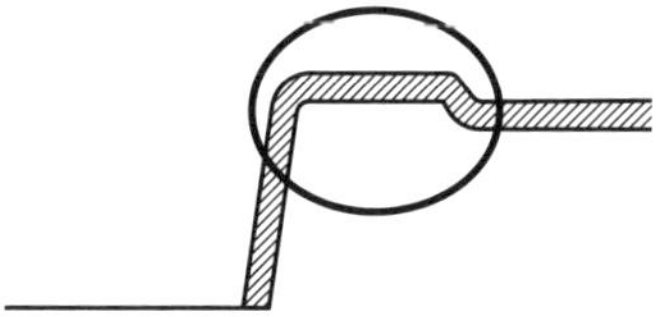
肉厚

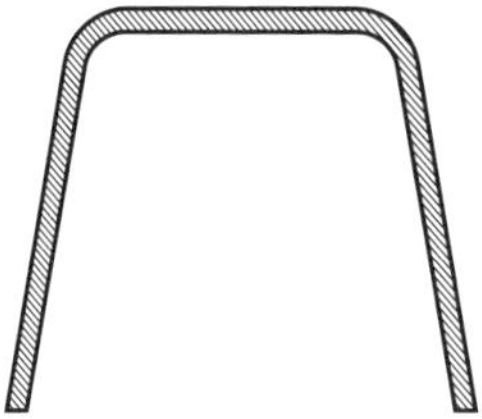
角R

アンダーカット

1-1 抜き勾配

○抜き勾配はなぜ大事なの？

４つのうちの１つ目は抜き勾配だ。抜き勾配とは、製品を金型からスムーズに取り出すためにその製品自体につけた角度のことをいうんだ。

角度ですか？

ピンとこないかな？ 具体的に説明していくよ。次の２つの図は箱状の製品の断面をとったものだ（**図 1-1**）。断面 A が抜き勾配がない状態。断面 B が抜き勾配のある状態。

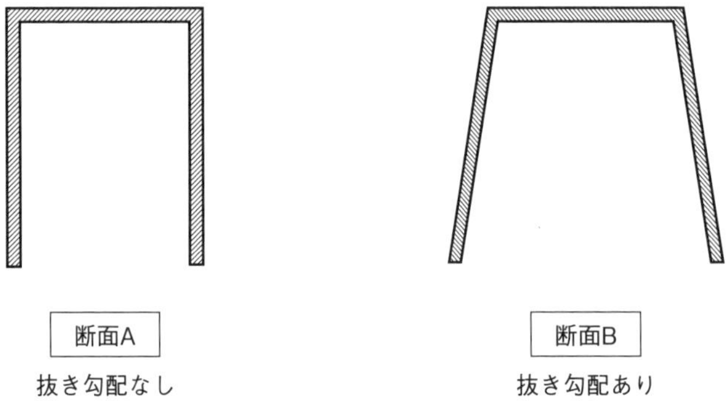

図 1-1　箱状製品の断面図

A の断面は角度がないですけど、B の断面は角度がついていますね。

そうこの角度のことを抜き勾配というんだ。そしてこの勾配がついている状態とついていない状態では、金型の成形性に大幅に影響が出てくる。

まず、勾配がついていない場合。金型の動きは**図1-2**のようになる。左が金型が閉じた状態。真ん中が金型が開いた状態。右が金型から製品を突出した状態だ。

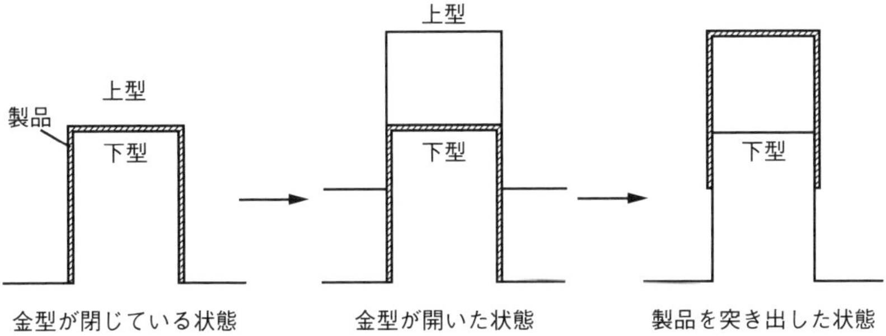

図1-2　勾配がついていない製品と金型の動き

特に問題なさそうですけど？

確かに一見問題なさそうだよね。でもね、これだと金型が開くときや製品を突き出すときに、製品と金型が擦れながら動くことになってしまうんだ（**図1-3**）。

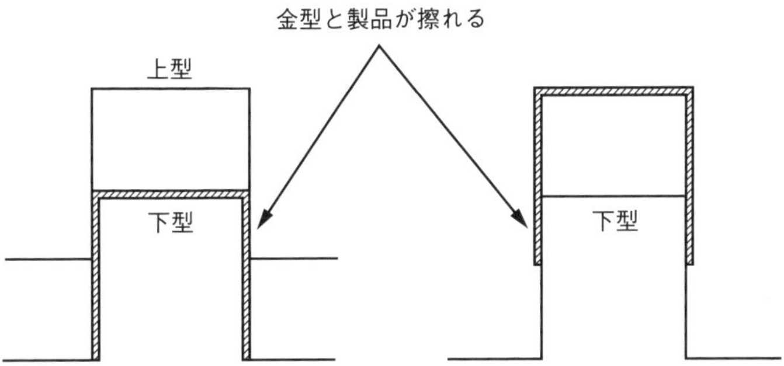

図1-3　勾配のない製品が擦れた状態

そうなると当然、製品に傷がついてしまうし、製品の金型に対する離れやすさ、つまり離型性も悪い。製品に傷がつけば、いうまでもなくその製品は不良品となってしまう。要するに抜き勾配のない金型は、成形時に不良品が出やすくなるといえるんだ。

なるほど……

一方で、勾配がついている場合だと動きは**図 1-4** のようになる。抜き勾配がついてない状態との違いがわかるかな？

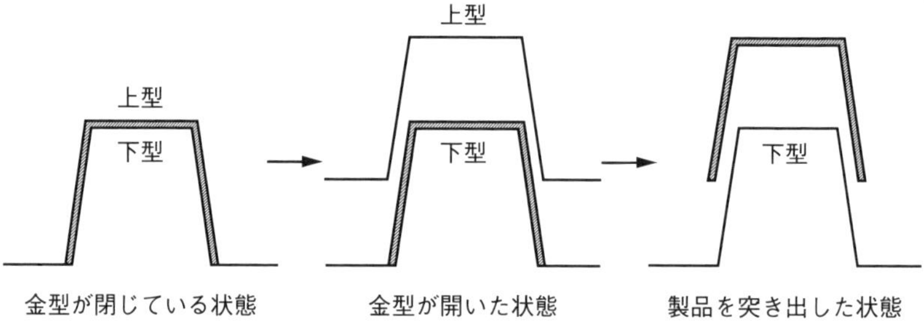

図 1-4　勾配がついた製品と金型の動き

あ、製品と金型が擦れない！！

そういうこと（**図 1-5**）。抜き勾配がついているお陰で、金型が開くときや金型から製品が突き出されるときに、製品と金型が擦れずに動くんだ。もちろん、勾配がついていることで金型と製品は離れながら動くので、離型性も非常に良くなる。このように、抜き勾配は金型で良品を成形するためには欠かせないものなんだ。

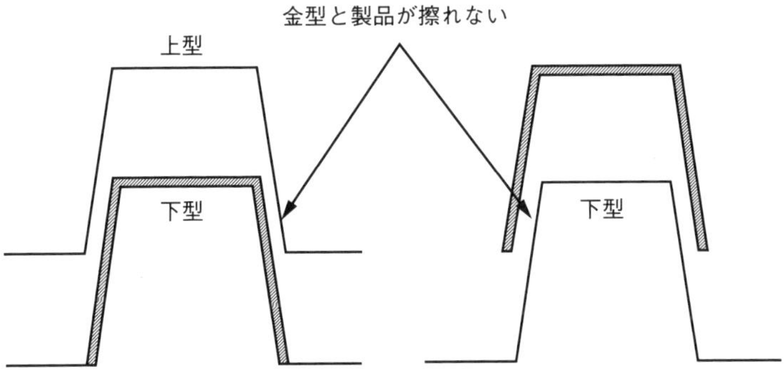

図 1-5　勾配がついた製品と金型の状態

○抜き勾配を確認する

なるほど。今回の製品には抜き勾配が全く考慮されていません。これだと 3D プリンターで作った試作品では良くても、金型では良品を取ることができないというわけですね。

そういうことになるね。

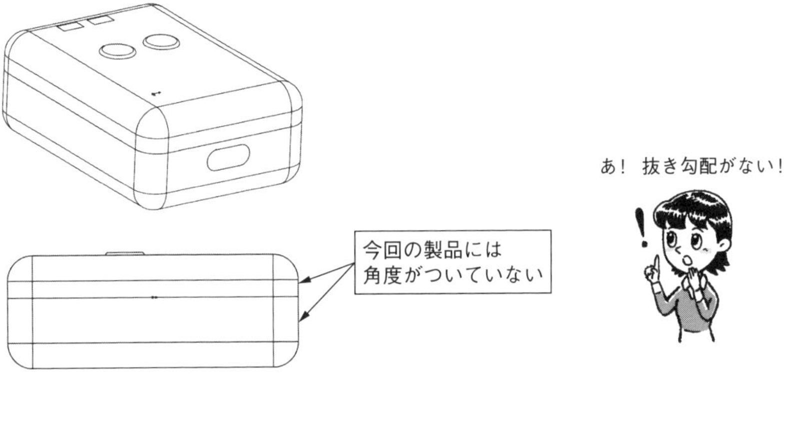

早速、抜き勾配をつけてみようと思います。勾配をつけるときに何か気をつけておくことはありますか？

もちろん適当に角度をつければいいというものではない。製品に抜き勾配をつけるときには次の３点に注意して設定をする必要があるんだ。ひとつひとつ説明していくよ。

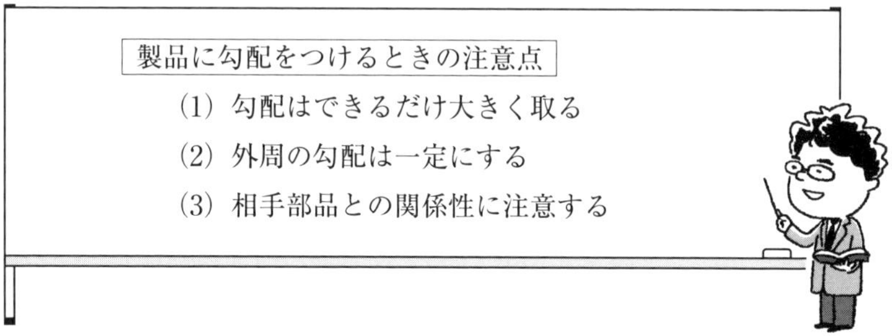

製品に勾配をつけるときの注意点
(1) 勾配はできるだけ大きく取る
(2) 外周の勾配は一定にする
(3) 相手部品との関係性に注意する

(1) 勾配はできるだけ大きく取る

抜き勾配は大きければ大きいほど金型からの離型性が良くなる。なので、抜き勾配はできる限り大きいほうがいいんだ。

それなら、どんどん大きな角度で設定していけばいいですね。

理想はそうだけどね。実際には、公差や相手部品との関係など、製品に制約があって勾配が制限される場合が多い。それから、外観部分などでは勾配が大きすぎると製品そのものの印象が変わってしまうので、デザインとの兼ね合いにも注意が必要だね。

確かに、いくら金型で必要な勾配でも、外観のイメージが変わってしまったらデザインした意味がなくなってしまいますよね（図1-6）。

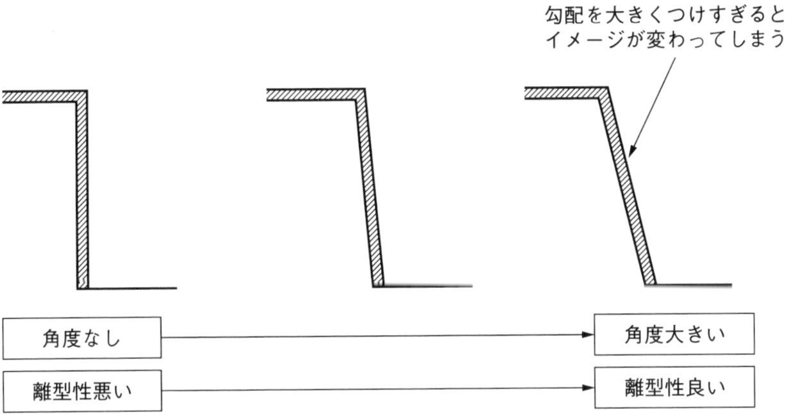

図 1-6　勾配とデザインのバランス

(2) 外周の勾配は一定にする

よい製品を作るために勾配をつけるわけだけど、製品の外周部の勾配はできる限り均一にするんだ。

均一ですか？　もし、均一にしないとどうなるんですか？

外周部の勾配が不均一だと離型バランスが悪くなる。離型バランスが悪くなると成形不良となる可能性が高くなるんだ。勾配が一定であれば離型バランスは良くなるので、勾配が原因の成形不良は起きにくくなる（図 1-7）。

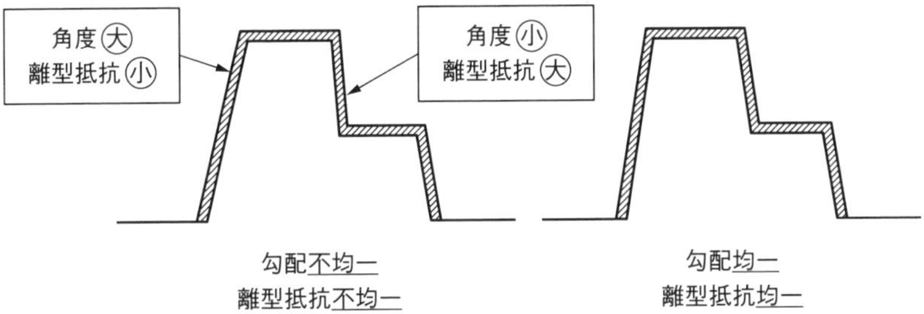

図 1-7　勾配と離型抵抗のバランス

なるほど。

あ、ちなみにリブやボスなどは、外周部の勾配と同じ角度にする必要はないからね。

わかりました。

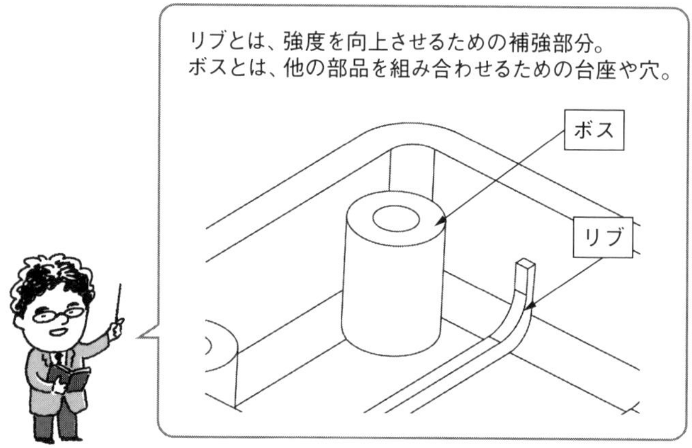

リブとは、強度を向上させるための補強部分。
ボスとは、他の部品を組み合わせるための台座や穴。
ボス
リブ

(3) 相手部品との関係性に注意する

製品は部品単体で成立する場合よりも、複数の部品を組み付けて最終製品となる場合が多いよね。

そうですね。確かに今回の製品も大きく2つの樹脂部品から成り立っていますし、基板やバッテリーなどの部品も中に入ります。

だよね。抜き勾配をつけるときにはその部品単体だけではなく、相手部品との関係性も考慮しなければならない。例えば基板が収まるような製品に勾配をつける場合。**図1-8のA**を基準に勾配をつけると基板と製品が干渉してしまい、製品として成立していないのがわかると思う。

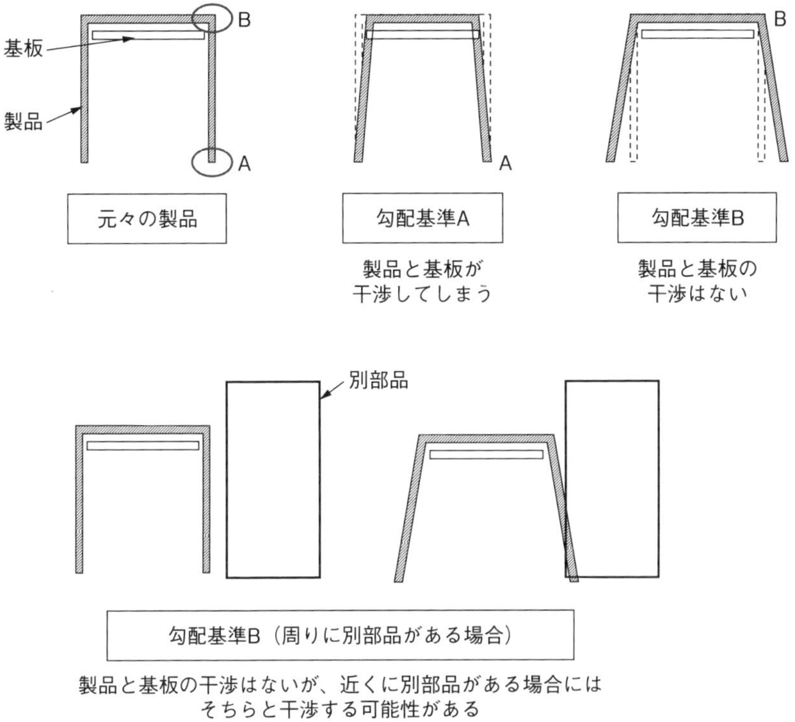

図1-8　相手部品との関係

元々の製品の断面をそのまま生かすとしたら基板のほうを変えないといけないわけですね。

そのとおり。もし基板を変えることができるなら、Aでも構わないけどね。ただし、基板を変更するという手間が発生することになるので、どちらが手間になるのか注意が必要だよ。次に、Bを基準に勾配をつけた場合には、基板との干渉もなく製品として成立していることになる。もう一度図1-8を見てみよう。

これだと基板を変える必要もなくていいですね。

そうだね。これだったら製品の勾配だけで解決するから余計な手間が発生しなくていいよね。ただし、この場合でも注意が必要な点がある。元々の断面より製品が大きくなってしまうんだ。もしこの製品の周りに別の部品がくるのであれば、製品が大きくなるような勾配のつけ方は不成立になってしまう。

成形品単独で考える分には単純ですけど、いろいろとほかの部品との関連性をよく見極めないといけないですね。

そうだね。相手部品との干渉や過剰な隙間が生じてしまっては、最終製品として成立しなくなってしまい、せっかく勾配をつけても意味がなくなってしまうからね。

このように抜き勾配は、製品を金型からスムーズに取り出すために必要な勾配であり、抜き勾配がないと製品不良に通じてしまう。だから、周りの部品との関係性を見極めてしっかりと設定をする必要がある。

ルール 1

抜き勾配がないと製品不良になってしまうので、しっかりと設定すること

1-2 肉厚

製品設計で気をつけるべきことの2つ目が製品の肉厚。要するに製品の厚みだ。製品の肉厚は薄すぎても、厚すぎてもよくないんだ。

どのくらいの厚さがいいのでしょうか？

それは製品の大きさや形状の複雑さ・用途などによるので一概にはいえないけれど、一般的な雑貨品や自動車部品などの場合だと、射出成形を行う場合の一般肉厚は1mmから3mm程度にしたいね。

厚かったり薄かったりするとどうなってしまうんですか？

肉厚が極端に厚肉だったり薄肉だったりすると、樹脂がうまく流れることができずに成形不良を起こす可能性が高くなる。だから最適な肉厚で設計することが必要なんだ。それから製品の基本形状の肉厚はできる限り一定にするのが理想だ（図1-9）。

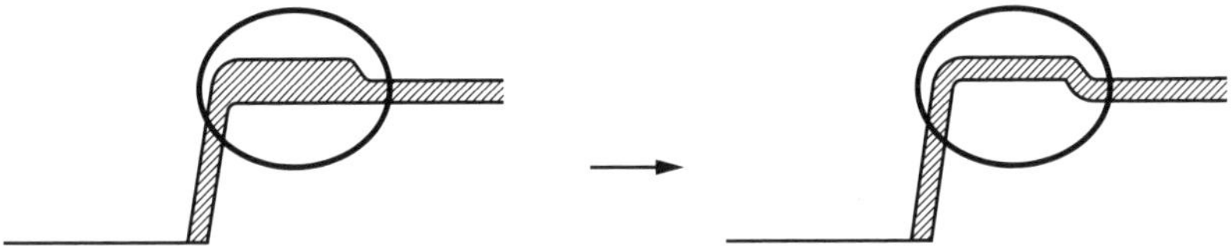

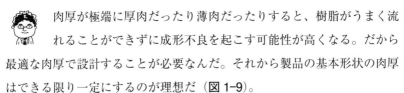

図1-9　肉厚はできる限り均一にする

一定ですか？

そう。極端な肉厚の変化はやはり成形不良の原因となってしまう可能性が高い。だから肉厚を一定に保って強度や剛性が必要な部分には必要に応じてリブなどで補強するのが理想だね（リブについては24ページを参照）。

どうしても肉厚を変えないといけない場合はどうすればいいでしょう？

確かに、実際問題として製品の機能や用途によっては肉厚を均一にできない製品もあるよね。そこで、どうしても肉厚を変化させる必要がある場合には、急激に肉厚を変化させてしまうのではなく、緩やかに肉厚を変化させ、樹脂の流動性をよくすることで成形不良を回避するといいんだ。

緩やかですか？

そう、理想は肉厚の変化量の3倍以上で変化させるといいよ（**図1-10**）。

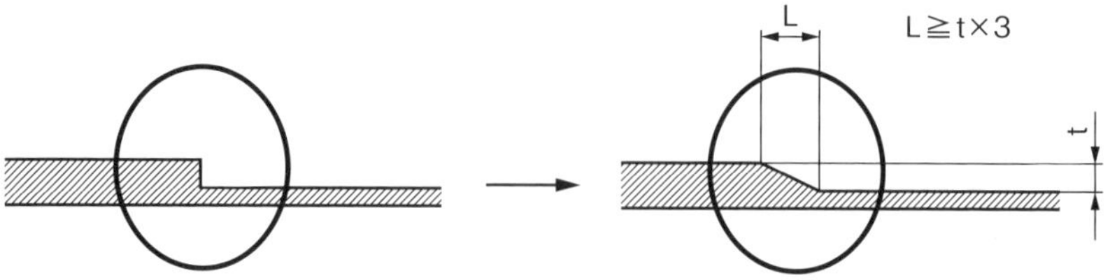

図 1-10　肉厚の変化は緩やかにする

わかりました。今回は基本の肉厚は2mmで一定にします。

2mmならいいね。ところで、ここで問題になってくるのがリブやボスといった製品内部の形状だ。

今回の製品にもありますが、どういうことですか？

例えば**図 1-11** のようなリブがあったとする。この断面の場合、この部分の肉厚がどうしても厚くなってしまう。

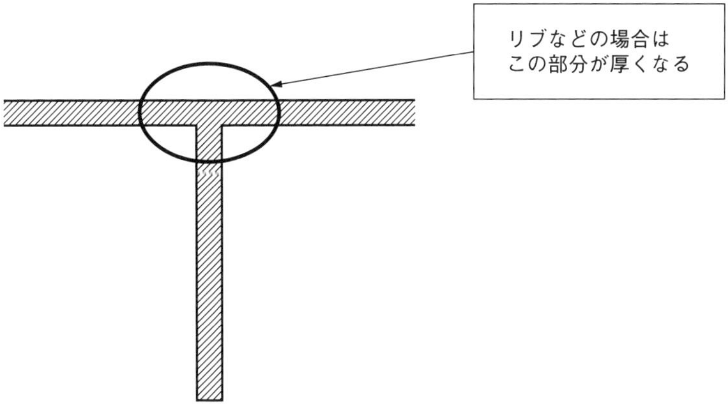

図 1-11　リブ

なるほど。

一般の肉厚とリブの肉厚を同じにした場合、リブの根本が厚肉になりヒケやボイドといった不具合を生じる。そのため、一般の肉厚に対してリブの肉厚は 7 割程度に抑えるのが理想なんだ（**図 1-12**）。

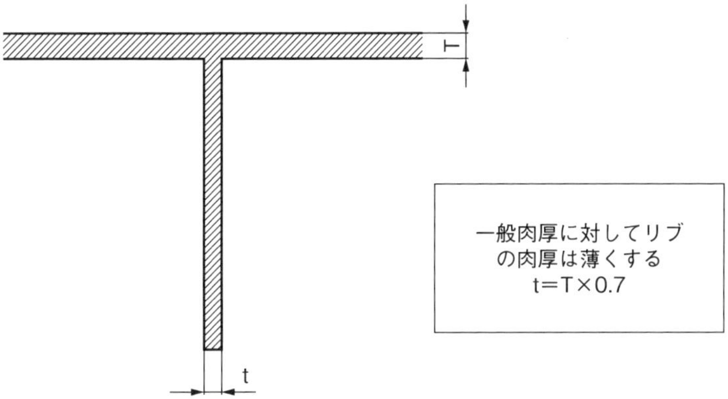

図 1-12　リブの肉厚

なるほど。単に肉厚を一定にすればいいわけではなくて、形状によっては薄くしたりしなければいけないんですね。

そういうことだね。ただし、このリブに抜き勾配をつけた場合、薄肉になりすぎて樹脂がリブの先端まで流れなくなる可能性も高くなる。そのため、勾配と肉厚の両方に注意をして設計する必要があるんだ。

樹脂が先端まで流れなかったら本末転倒ですね。

うん。これはボスに関しても同じことで、根本が肉厚になってしまうのでボスの肉厚は一般の肉厚より薄くする。それでも肉厚から生じるヒケが心配なのであれば、ボスの周囲の肉厚を薄くし、さらに厚肉になるのを避けると効果が高くなるよ（**図 1-13**）。ただしこの場合、金型の加工が手間になるので、ここまでの処理が必要かどうかは適切な判断が必要になってくるね。

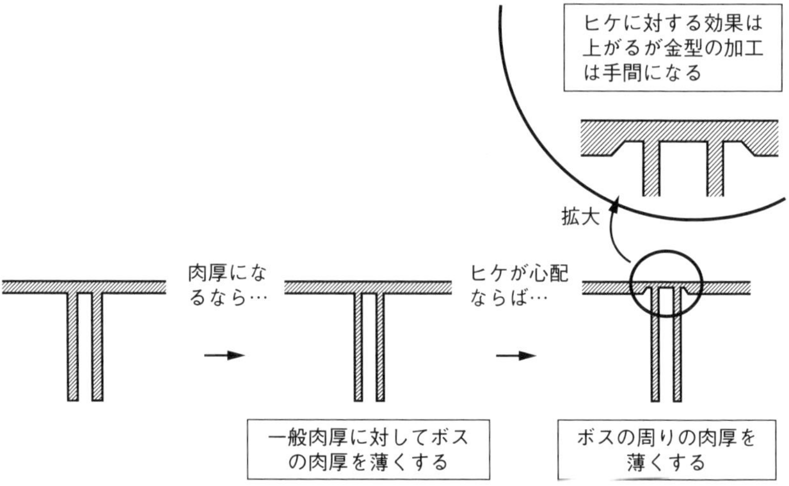

図 1-13　ボスの肉厚

そこまで設計すれば外観上の不具合は解消されるんですね。

うーん。残念だけど、こうやって肉厚を調整しても、ヒケなどの不具合は出てしまうことのほうが多くて、完全に消すことは難しいんだ。でも肉厚を調整することで、できる限り不具合の可能性は減らしておきたいよね。

そうですね！！ ところで、ヒケとかボイドって何ですか？

あぁ、成形品の不具合については他の現象も含めて後でまとめて説明するよ（5 章参照）。

わかりました。

ルール２

製品の肉厚は一定にすること

1-3 製品の角

製品設計で気をつけるべきことの３つ目は、製品の角の処理についてだ。

角ですか？

うん。あたりまえだけど、どんな製品にも必ず角があるよね。

それはそうですね。

その角にＲをつける。要するに角は尖らせずに丸みをつけるといいんだ。

Ｒですか？

身近にある樹脂製品を見てみるとわかるけど、大抵の製品は角が丸くなっている。この角に丸みをつけることを「角Ｒをつける」というんだ（**図1-14**）。ちなみにＲのついていない状態を「エッジ」という言い方をしたりするんだけど、なんで角をエッジではなくＲにするのかわかるかな？

ええと、デザイン的には角よりＲがついているほうが見栄えが良いというのはありますね。

確かに見栄えの問題はあるよね。それ以外にも機能的な理由から大きく２つあげることができるんだ。それがこの２つだよ。

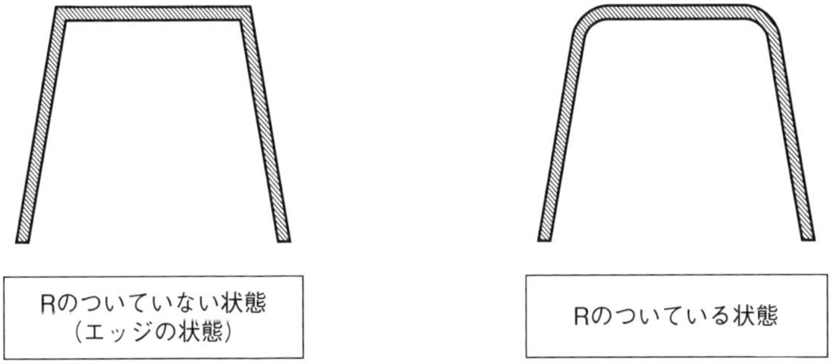

図1-14　エッジとR

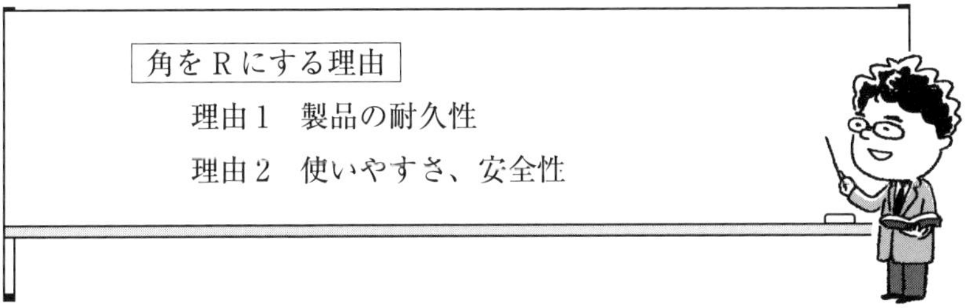

耐久性と安全性ですか？

うん、それぞれ説明するよ。まずは、理由１の製品の耐久性について。角がエッジの場合とＲがついている場合とではその耐久性は全く異なる。見た目で想像がつくと思うけど、その製品をぶつけてしまったときにどちらの形状のほうが欠けやすいかな？

それはエッジのほうが尖っているので欠けやすいでしょうね。

そのとおりだね。したがって角をＲにすることで製品の耐久性を上げるんだ。次に理由２の使いやすさ、安全性について。その製品の角を持ったときに、角がエッジの場合とＲがついている場合では持ちやすさが全然違う。例えば、子どもが使うような製品やお風呂の椅子のよ

うに、直接肌が触れる製品などは触れる部分がエッジであったがために手や肌を傷つけてしまう可能性もある。だから安全性を考慮して製品の角はエッジにせずにRをつけるのがいいんだ（**図 1–15**）。

なるほどRの重要性がよくわかりました。

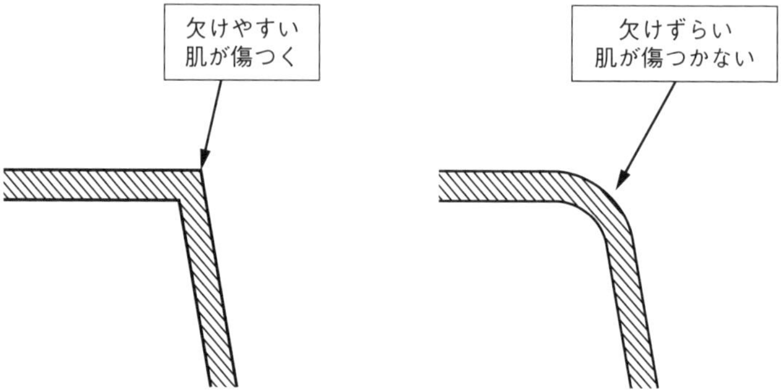

図 1–15　エッジとRの違い

ここで金型のことを少し考えてみよう。勾配の話のときにも出てきたこの断面は、金型で分割すると**図 1–16** のようになるのはもうわかるよね？

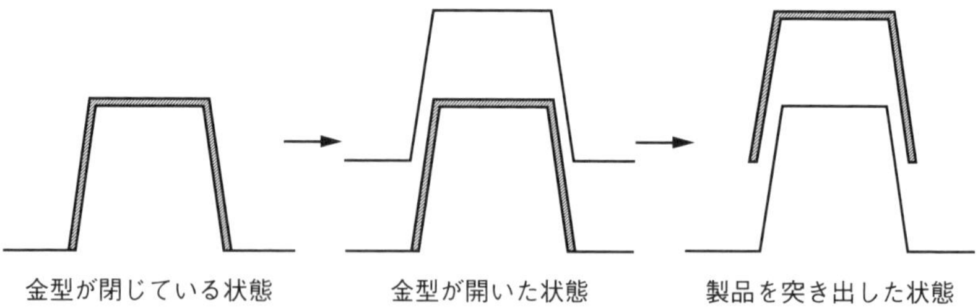

図 1–16　金型分割の動き

はい、わかります。

この分割する位置のことをパーティングライン（PL）というんだけど、R のつけ方によってパーティングラインが変わってしまう場合があるんだ。具体的に説明するよ。さきほどの断面の分割する部分に**図 1-17** のように R をつけた場合。金型の分割位置は R のついていないときと違うのがわかるかな？

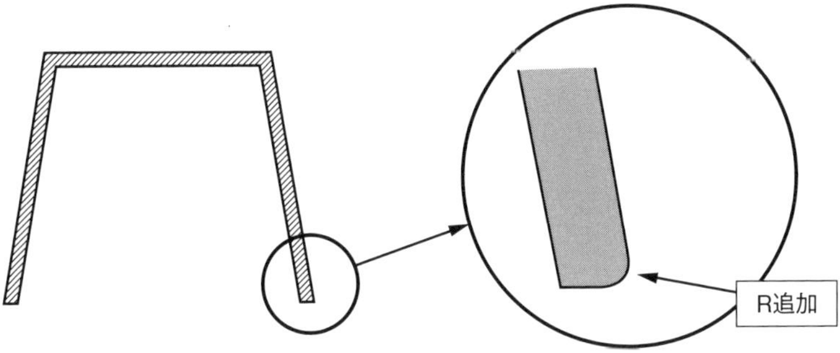

図 1-17　R の追加

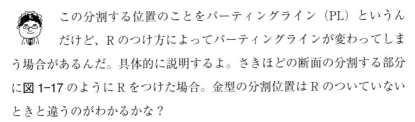

あ、R がついている分、分割位置が変わりますかね？

そう、製品の分割位置に R をつけると R の分、その製品の分割位置が変わってくるんだ（**図 1-18**）。

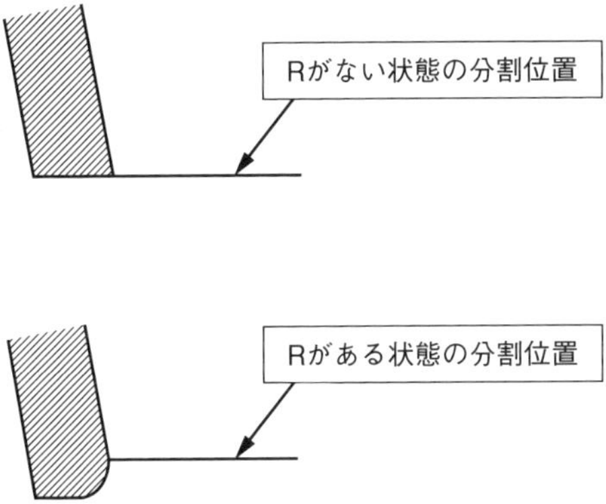

図 1-18　R と分割の関係

でも、Ｒがあっても特に金型上は問題なさそうですけど？

そうだね。この断面でいけばＲがついたからといって、金型で成立しない形状になるわけではない。ただ、Ｒがついている場合とついていない場合の金型の形状を見比べてみると、違うのがわかるかな？（図 1-19）

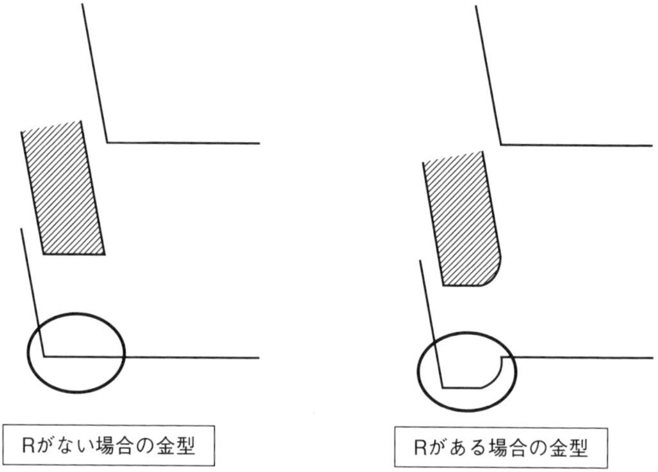

図 1-19　金型形状の違い

Ｒがついた分、金型の形状が違ってきますね。ただ、やはり金型で成立しないわけではないですよね？

うん、確かに成立はする。ただし、金型の加工のことを考えると、Ｒがない場合に対してＲがあるほうは、このＲ分の加工が金型に必要になるよね（図 1-20）。

あ、なるほど。そうすると金型で手間になってしまうわけですね。

そういうこと。もちろんこの位置に人の手が触れるようならＲはつけるべきだけど、特に人が触れないようなら、金型のことを考

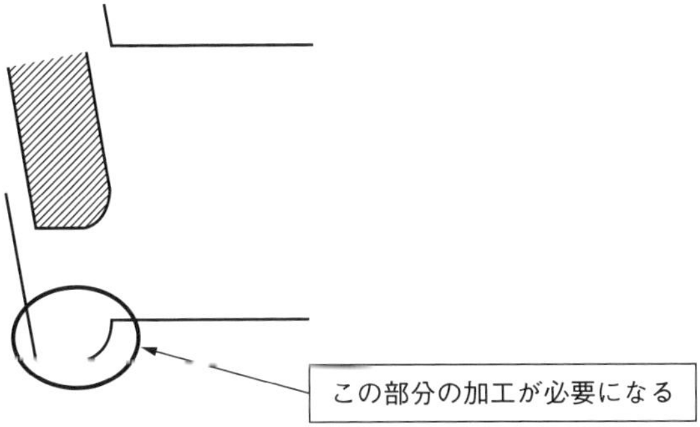

図 1-20　R 分の加工の違い

えて、あえてエッジのままにすることもあるね。

なるほど。ただひたすらＲをつければいいってもんでもないんですね。

ルール３

肌に触れる製品ならばＲをつけること

1-4 アンダーカット

製品設計で気をつけるべきことの最後のひとつはアンダーカットだ。アンダーカットとは通常の金型の動きでは取り出せない形状のこと。実際の製品ではどのような形状がアンダーカットかというと、**図1-21**のような形状がよく見られる。

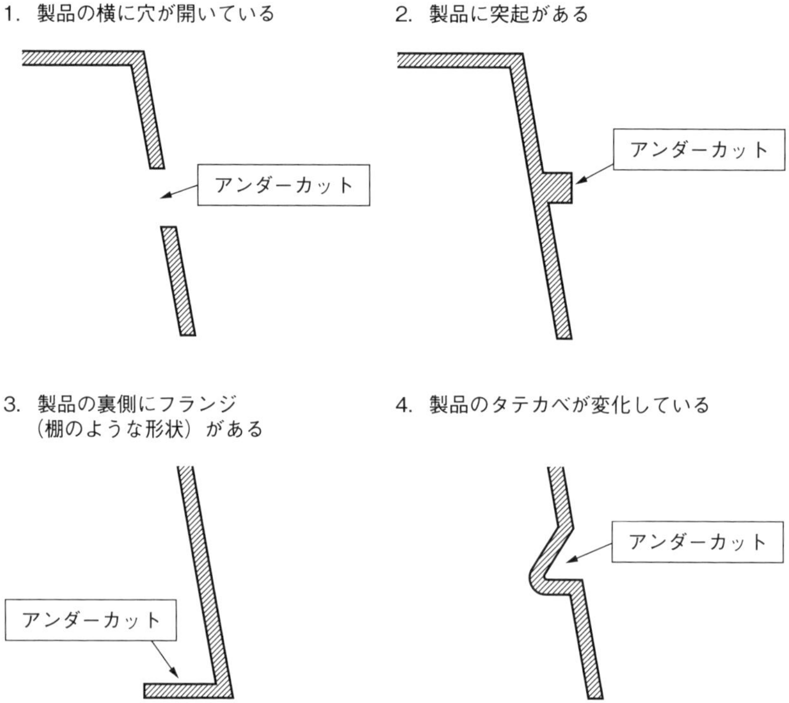
1. 製品の横に穴が開いている
アンダーカット
2. 製品に突起がある
アンダーカット
3. 製品の裏側にフランジ
（棚のような形状）がある
アンダーカット
4. 製品のタテカベが変化している
アンダーカット

図1-21　アンダーカットの種類

実際にはこのような形状はいろいろな製品で見られますよね？これって金型の通常の動き（金型の動きについては、巻末付録参照）では取り出せないだけで、何らかの処理をすれば取り出せるんですか？

うん、良い質問だね。このようなアンダーカット形状は、金型が開くとき、あるいは製品を突き出すときに、その部分が引っかかってしまい通常の型開きでは製品を取り出すことができない。だからアンダーカットを解消するために、スライドコアや傾斜コアなどと呼ばれる別の機構を設定して処理をするんだ。

金型で処理できるならアンダーカットがあっても問題ないですよね？

うん、確かに処理はできるからアンダーカットがあっても問題はない。ただし、別の機構を設定するということは金型の部品が増えることになるわけだから、当然金型のコストは上がることになる。それに、手間がかかれば不具合が発生する確率が上がる。製品の機構上、必要がないのであればアンダーカットのある形状はできる限り避けたほうがいいんだ（図 1-22）。

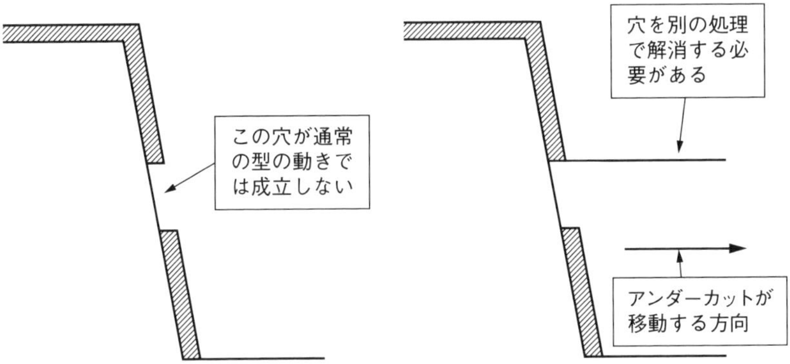

図 1-22　アンダーカットを避けることも必要

なるほど。

いくつか例を見ていこう。まずは横穴。ここに丸いボタンが入るのなら確かに横穴は必要だ。でも、そこに入るのがコードや配管だった場合、それは穴である必要はなく切り欠きで十分用は足りるし、切り欠きにすることでアンダーカットはなくなる（**図 1-23**）。

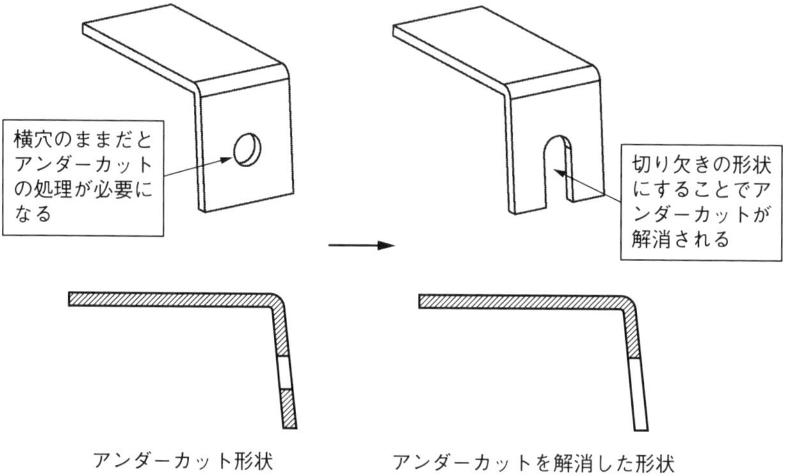

横穴のままだとアンダーカットの処理が必要になる
切り欠きの形状にすることでアンダーカットが解消される
アンダーカット形状
アンダーカットを解消した形状

図 1-23　アンダーカットを避ける例（切り欠き）

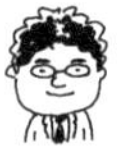

次はフランジ形状の場合を考えよう。このフランジの内側が必要なのか、外側が必要なのかで意味が全く変わってくる。このフランジの内側が必要な場合。例えば内側に何かが入り込むような場合は、これはフランジとして必要な形状でアンダーカットになるのもやむを得ない。一方、フランジの外側が必要な場合で、この外側に別部品があたって位置決めに用いる場合には、決してアンダーカットである必要はない。フランジではなくリブに形状を変えても用途は満たす。形状をリブに変えればアンダーカットは解消される（**図 1-24**）。

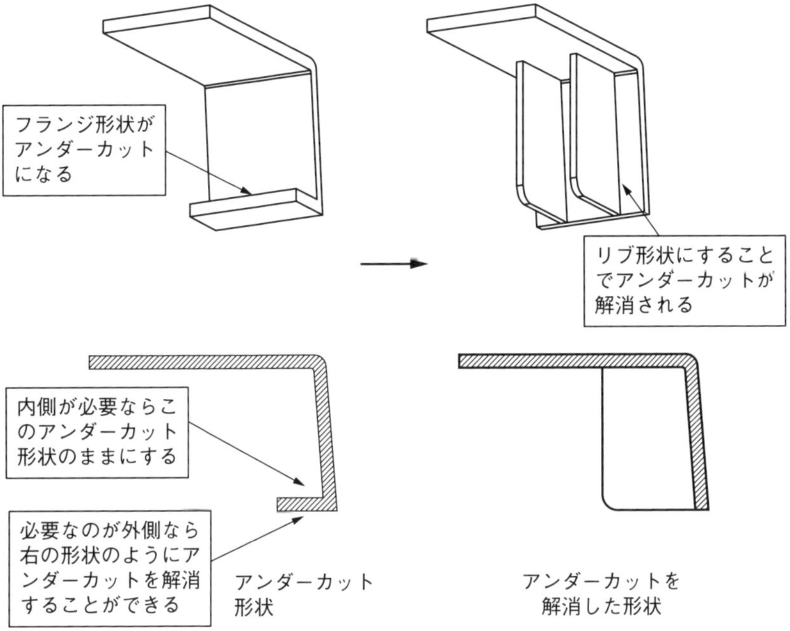

フランジ形状が
アンダーカット
になる
リブ形状にすること
でアンダーカットが
解消される
内側が必要ならこ
のアンダーカット
形状のままにする
必要なのが外側なら
右の形状のようにア
ンダーカットを解消
することができる
アンダーカット
形状
アンダーカットを
解消した形状

図 1-24　アンダーカットを避ける例（リブ形状）

金型費が上がるということは製品単価に直結する。不用意なアンダーカットはできる限り解消しておくのがいいね。

わかりました。

ルール 4

アンダーカットはなるべく避けること

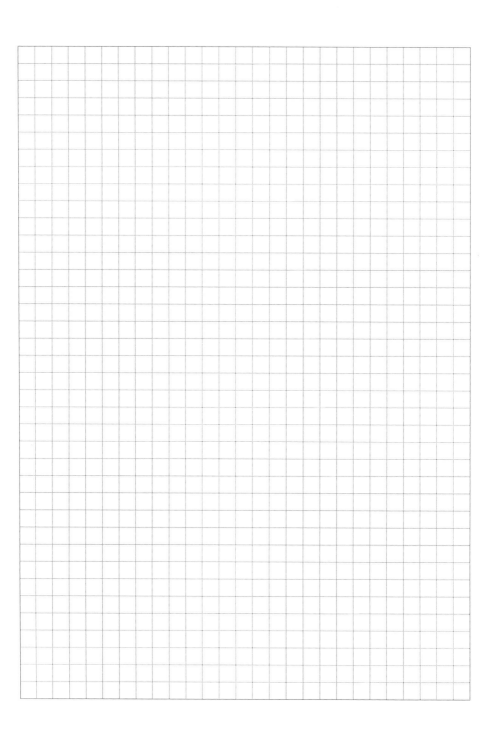

第2章

用途にあった樹脂材料を選定する

2-1 樹脂の種類はさまざま

射出成形の量産に使う材料が何かわかるかな？

それはプラスチックですよね？

そう、そのとおり。プラスチック、要するに樹脂だ。一口に樹脂といっても非常に多くの種類がある。身近なところでいえば、ペットボトルに使われている樹脂とバケツに使われている樹脂は見た目も触った感じも違うだろう？

確かに見た目も感触も全く違いますね。

透明、やわらかい（つぶせる）…
青や黄などカラフル、硬い（割れやすい）…

さらに同じ製品でも、使用用途に応じて樹脂の種類が変わる場合がある。例えば、ヘルメット。同じヘルメットでもABS、PC（ポリカーボネート）、PE（ポリエチレン）、FRPなど、さまざまな樹脂が使われているんだ。なぜなら、樹脂は種類によって硬さ、耐電性、耐薬品性、耐熱性、耐候性などの物性や価格などが違うからなんだ。ヘルメットの例でいうと、**表2-1**のように特徴が異なっていて、それぞれ用途・環境に応

じた樹脂が使われるんだ。

表 2-1　樹脂の種類

樹脂の種類	特徴
ABS	安価で帯電性に優れているが、耐薬品性、耐熱性、耐候性でほかの樹脂に劣る
PC	ABS に比べて硬く、耐候性に優れる
PE	上の２つより耐薬品性に優れるが、比較的軟質
FRP	耐熱性、耐候性に優れる。耐用年数が長いことから災害時の備蓄用に向いている

いざというときに必要な
防災用ヘルメットは、
熱に強くて、劣化しにくい
ものがいい

なるほど。単に樹脂といってしまえばそれまでですが、かなり奥が深そうですね。

さらにいえば、同じ樹脂にもそれぞれグレードというものがある。

グレードですか？

同じ樹脂でも耐候性に優れているとか、耐薬品性に優れているとかいった具合に、さまざまなグレードがあるんだ。例えば、常に屋外で使用するような製品であれば、同じ樹脂でも耐候性の優れたグレードを選択したほうが良い。単純に樹脂といっても、種類やグレードなど非常に多岐にわたる。正直、そのすべてを把握することは難しい。

ですよね。

とはいえ、樹脂を使って製品設計をする以上は、ある程度の基本は把握しておく必要がある。

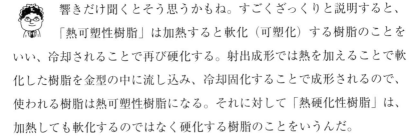

そっ、そうですよね（汗）

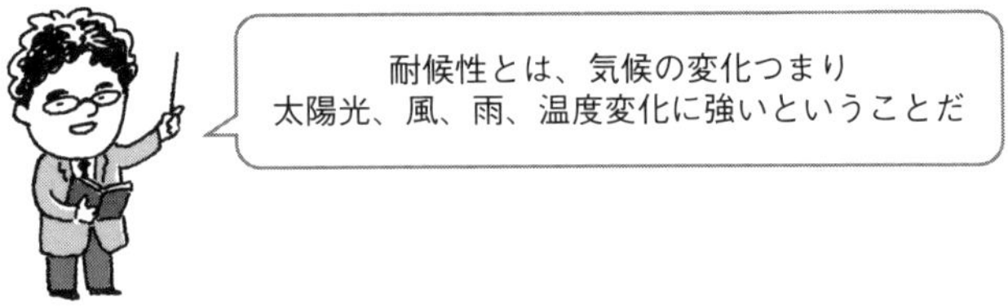

耐候性とは、気候の変化つまり
太陽光、風、雨、温度変化に強いということだ

では、もう少し樹脂の種類について話を進めよう。プラスチックは大きく「熱可塑性樹脂」と「熱硬化性樹脂」に分けられる。

ちょっと難しそうですね……

響きだけ聞くとそう思うかもね。すごくざっくりと説明すると、「熱可塑性樹脂」は加熱すると軟化（可塑化）する樹脂のことをいい、冷却されることで再び硬化する。射出成形では熱を加えることで軟化した樹脂を金型の中に流し込み、冷却固化することで成形されるので、使われる樹脂は熱可塑性樹脂になる。それに対して「熱硬化性樹脂」は、加熱しても軟化するのではなく硬化する樹脂のことをいうんだ。

「熱可塑性樹脂」と「熱硬化性樹脂」はよく、チョコレートとクッキーに例えられることが多い。チョコレートは熱を加えれば溶け、冷却すると固まる性質を持っている。これが熱可塑性で、熱を加えれば何度でも軟化させることができる。対してクッキーは熱を加えると固まり、その後何度熱を加えても溶けることはない。これは熱硬化性ということになる。

熱可塑性

熱を加えれば何度でも
軟化することができる

熱硬化性

熱を加えると固まる

なるほど。その例えはわかりやすいですね。あれ？　「熱可塑性樹脂」は溶かして固めるのでイメージが湧きますけど、「熱硬化性樹脂」はどのようにして成形するんですか？

熱硬化性樹脂の一般的な成形方法は、まず材料を金型内に投入した後で金型の温度を 150℃程度に加温する。そうすると材料は一瞬溶けて液状になるのでそこで成形される。その後、さらに加熱すると材料が固化する。そして一度固化してしまうとその後は液状に戻ることはないんだ。

なるほど。一瞬は液化するんですね。どちらにしても、今回使う樹脂は熱可塑性樹脂なわけですね。

そうだね。ちなみに熱可塑性樹脂はさらに用途別に３つに分類されるんだ。

えっ！　さらに分類されるんですか！！

そう。「汎用プラスチック」、「汎用エンジニアリングプラスチック」、「スーパーエンジニアリングプラスチック」の３種類に分けることができるんだ。

覚えられるかな……

さらに詳しくいうと、それぞれを「結晶性樹脂」と「非結晶性樹脂」に分類できる（**表 2-2**）。

まったく覚えられる気がしません……

- 熱可塑性樹脂
  - 汎用プラスチック
    - 結晶性樹脂
    - 非結晶性樹脂
  - 汎用エンジニアリングプラスチック
    - 結晶性樹脂
    - 非結晶性樹脂
  - スーパーエンジニアリングプラスチック
    - 結晶性樹脂
    - 非結晶性樹脂

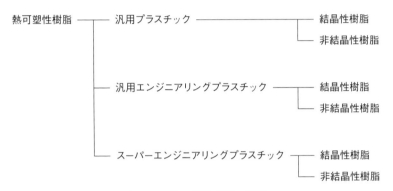

表 2-2　熱可塑性樹脂の種類

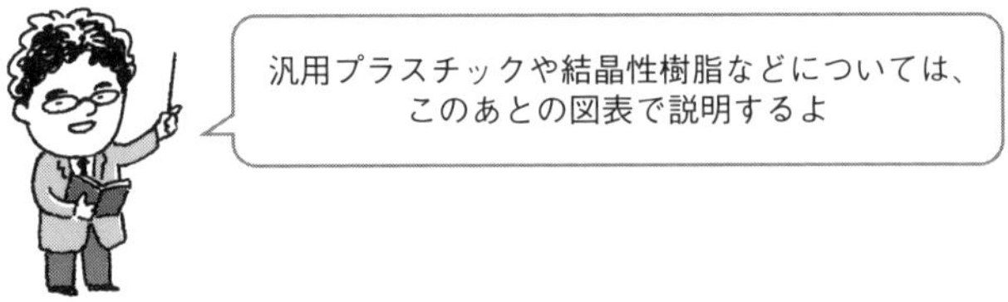

汎用プラスチックや結晶性樹脂などについては、
このあとの図表で説明するよ

もっとも、我々は樹脂メーカーというわけではないから、厳密に細かいところまで覚える必要はない。ただ、どういう特性の樹脂があるかを知っておくと、樹脂の製品設計に役に立つと思うよ。

なるほど。

というわけで、それぞれの特徴と分類をまとめたから見ておいてね（**表 2-3、図 2-1、図 2-2**）。

わっ、わかりました（汗）

表 2-3　樹脂の特徴

<table>
<tr><th colspan="2">分類</th><th>特徴</th><th>加工性</th><th>耐熱性</th><th>価格</th></tr>
<tr><td colspan="2">汎用プラスチック</td><td>熱変形温度が 100℃未満で、引張強さや耐衝撃性がエンプラに比べて弱い。加工のしやすさと価格面でのメリットから、工業用品から日用品、雑貨に至るまで幅広い用途に用いられる</td><td rowspan="3">高
↑
低</td><td rowspan="3">低
↓
高</td><td rowspan="3">安
↓
高</td></tr>
<tr><td rowspan="2">エンジニアリングプラスチック</td><td>汎用エンプラ</td><td>汎用プラスチックよりも機械的強度や耐熱性に優れ、工業用の部品として高い性能を求める際に用いられるプラスチック。熱変形温度は 100℃以上であり、金属材料に代替できるほどの性能と耐久性を持ち合わせる</td></tr>
<tr><td>スーパーエンプラ</td><td>エンジニアリングプラスチックの中でもさらに熱耐久性が高い。熱変形温度は 150℃以上であり、高温環境下において長時間の使用に耐えられる。エンプラとして機械的強度の高さだけでなく、高い耐熱性を必要とする機器等の部品として用いられる</td></tr>
</table>

※エンプラ＝エンジニアリングプラスチック

分類	構造	寸歩精度	透明性	耐薬品性	塗装・接着性	温度特性
結晶性樹脂	プラスチックを構成する高分子鎖の集合状態として、高分子鎖が規則正しく配列している	× 成形収縮率大	低	強	悪	ガラス転移点融点がある
非結晶性樹脂	高分子鎖が糸玉のように絡まっている	○ 成形収縮率低	高	弱	良	ガラス転移点のみ

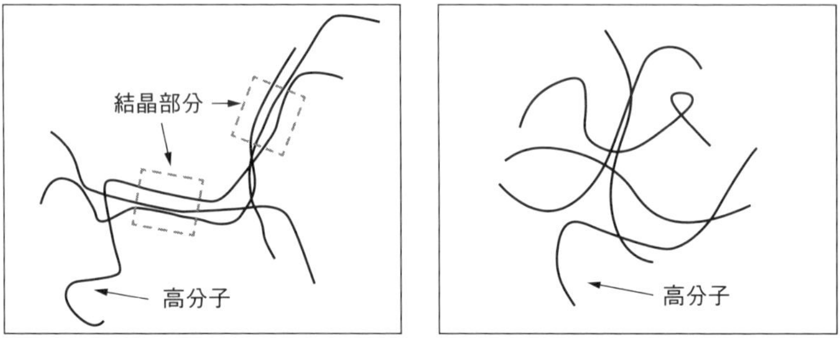

結晶性プラスチック
高分子が規則正しく配列している

非晶性プラスチック
高分子が絡まっている

図 2-1　結晶性プラスチックと非晶性プラスチック

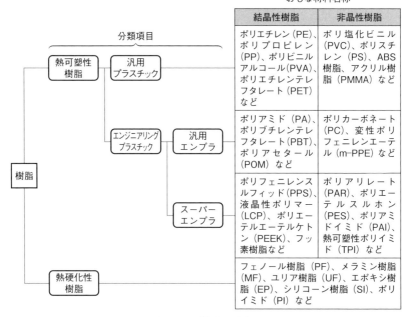

分類項目			結晶性樹脂（おもな材料名称）	非晶性樹脂（おもな材料名称）
樹脂	熱可塑性樹脂	汎用プラスチック	ポリエチレン（PE）、ポリプロピレン（PP）、ポリビニルアルコール（PVA）、ポリエチレンテレフタレート（PET）など	ポリ塩化ビニル（PVC）、ポリスチレン（PS）、ABS樹脂、アクリル樹脂（PMMA）など
樹脂	熱可塑性樹脂	エンジニアリングプラスチック：汎用エンプラ	ポリアミド（PA）、ポリブチレンテレフタレート（PBT）、ポリアセタール（POM）など	ポリカーボネート（PC）、変性ポリフェニレンエーテル（m-PPE）など
樹脂	熱可塑性樹脂	エンジニアリングプラスチック：スーパーエンプラ	ポリフェニレンスルフィッド（PPS）、液晶性ポリマー（LCP）、ポリエーテルエーテルケトン（PEEK）、フッ素樹脂など	ポリアリレート（PAR）、ポリエーテルスルホン（PES）、ポリアミドイミド（PAI）、熱可塑性ポリイミド（TPI）など
樹脂	熱硬化性樹脂		フェノール樹脂（PF）、メラミン樹脂（MF）、ユリア樹脂（UF）、エポキシ樹脂（EP）、シリコーン樹脂（SI）、ポリイミド（PI）など	

図 2-2　樹脂の分類

2-2 樹脂と金属の違い

今回のケースは樹脂を使って量産をするわけだけど、素材としては樹脂以外に金属もあるよね？

確かにそうですね。

今回は樹脂に決まっているので関係はないけど、金属と比べて何が優れていて、何が劣っているのかも知っておいたほうがいいよ。

確かにそうですね。もしかしたら金属のほうが適しているという場合もありますよね。

そういうことだね。金属材料と比較したときのプラスチックのメリット、デメリットを簡単にまとめた表があるので確認してみよう（表 2-4）。

表 2-4　金属と比較したときのプラスチックのメリット・デメリット

メリット	デメリット
軽くて強い製品が得られる	温度変化に弱く燃えやすい
耐錆性や、防腐性が高い	機械強度が弱い
素材の着色が比較的容易	溶剤に対して弱い
電気や熱の絶縁性が高い	表面が軟らかく、傷がつきやすい
耐薬品性が比較的高い	汚れやすい
特別な性質を持った製品が作れる	寸法確保と寸法安定性が良くない
成形加工が容易で、製品コストが安い	耐久性が劣る

メリットを見ると、プラスチックは軽量で機能性も高く、コストも安いのでとても使いやすい材料に思えるよね。

実際、メリットは大きいですよね？

うん、プラスチックの持つメリットは実際非常に大きいよね。ただし、金属に比べて熱や溶剤に弱く、耐久性も劣るといったデメリットもある。軽量化を優先してプラスチックを採用しても、このデメリットの対策がうまくいかず苦労してしまうことも実際にはかなりある。その一方で、さきほど説明したスーパーエンプラのように、高機能なプラスチックの開発も進んでいて、今まで金属材料で作られていたものがプラスチック材料に移行するという傾向も見受けられる。

なんだか正解はなさそうですね。

そうだね。これが正解という明確な回答はないといっていいだろう。どんな材料、種類でもメリット・デメリットの両面がある。だからこそ、その材料のメリット・デメリットをしっかり把握したうえで材料を選定しなければいけない。

2-3 樹脂材料を選ぶためのポイント

ここまで説明したとおり、プラスチックにはさまざまな種類があり、そこから使用する樹脂を絞らなければならない。もちろんすべての樹脂を把握できていればいいけれど、実際問題それは非常に難しい。

それはそうですよね。とてもじゃないけれど、すべて把握するのは不可能だと思います。

だよね。だから数ある樹脂のなかから、候補を絞るためのポイントを理解しておく。そのポイントを樹脂メーカーに伝えることで最適な樹脂を選定してもらうことができるようになるんだ。

なるほど。確かにポイントを正確に樹脂メーカーに伝えれば、あとはプロが最適な樹脂を選んでくれますよね。

そうだね。ただやみくもに樹脂の種類を調べたら露頭に迷ってしまうかもしれないね。だいたい次のようなポイントを伝えられれば良いと思うよ（**表 2–5**）。

項目が多いですね……

うん、そうだね。もちろんこの項目をすべて伝える必要はない。使用環境がわかれば必要になる特性は自ずとでてくるから、よほど特殊な環境下でもない限り、そこまでは追求する必要はない場合が多いね。

今回の製品も常温下で使用するものですから、特に特性は指定しなくて良さそうですね。

表 2-5　樹脂選定のためのおもなポイント

使用環境	使用場所	屋内外（日光、雨、ホコリなど）、光（紫外線、放射線など）、ガス（腐食性ガス、水蒸気など）、液体（水、油、薬品など）
	使用温度・時間	最高および最低温度、使用時間
	使用方法	製品にかかる荷重、静的か動的か、繰り返し、落下等衝撃
特性	機械特性	剛性、引張強度、耐衝撃性、耐摩耗性など
	熱特性	荷重たわみ温度、耐熱性、耐寒性など
	電気特性	耐電圧、導電性など
	科学的特性	耐薬品性、耐酸性、耐アルカリ性、耐油性など
	劣化強度	耐候性、腐食性など
	その他	接着性、溶着性など
材料	外観	透明度、光沢、色など
	精度	製品精度、熱膨張など
	成形性	成形加工性
	価格	

そういうことだね。ちなみに樹脂の色はそのままだとナチュラルカラーといって、ポリカーボネート（PC）であれば透明か黒、ポリプロピレン（PP）であれば白か黒といった具合に決まっている。色をつけたい場合には調色といって色を調整する必要があるんだ。

確かに売っている製品はいろいろな色がありますよね。それは調色されているわけですね。

そういうこと。調色には大きく次の3つの方法がある（**表 2-6**）。色に関しては成形後に塗装やシールを貼るなどの方法もあるので、その時々で最適な方法を選ぶといいね。

表 2-6　調色の方法

着色	元の樹脂に顔料を混ぜ合わせて押し出し成形と呼ばれる方法で色のついた樹脂ペレットを作っていく方法。最も色味が正確に出るが、コスト、納期がかかる
マスターバッチ	ナチュラルカラーの樹脂ペレットにマスターバッチと呼ばれる材料を混ぜる方法。色の出方は射出成形機のスクリュー内での混練具合によるため、色の再現性は弱い。手軽だがある程度色が決められているのと少量での入手が難しい
粉末	樹脂の周りに粉末を付着させる方法です。最も安価な方法だが、タンブラーなどで混ぜる必要があり、成形後には掃除をしなければならないので手間がかかる

2-4 代表的な樹脂の特徴

さて、ここでは代表的な樹脂の特徴を紹介しよう。前にもいったとおり、同じ樹脂でもグレードによって性質は変わってくる。だから、この表がすべてではないけれど、各樹脂の基本的な性質として参考にしてみてほしい（表2-7～表2-9）。

わかりました。

表2-7　汎用プラスチック（ABS、PE、PP、PS、PVC、PMMA）

名称	アクリロニトリル・ブタジエン・スチレン樹脂			略称	ABS
特徴	ABS樹脂は、アクリロニトリル、ブタジエン、スチレンの3つの樹脂の特徴をもつプラスチックで、非晶性のスチレン系熱可塑性樹脂				
長所	機械的強度のバランスが良い 寸法安定性に優れる 耐薬品性（酸やアルカリには耐えるが、有機溶剤には溶ける）				
短所	耐候性はあまり良くない 可燃性である（難燃性グレードもある） 耐溶剤性が弱い				
一般的性質					
	単位	値		単位	値
物理的・機械的性質			熱的性質		
比重	－	1.04-1.07	線膨張率	10^{-5}/℃	6.5-9.5
硬度（ロックウェル）	－	R90-115	成形温度（射出成形）	℃	190～270
引張強さ	MPa	35-59	成形収縮率	%	0.4～0.9
圧縮強さ	MPa	45-52	化学的光学的性質		
曲げ強さ	MPa	66-96	耐酸性・耐アルカリ性	酸化性酸に侵される	
アイゾッド衝撃強さ	J/m	15-49	吸水率	%	0.1-0.3

名称	ポリエチレン	略称	PE
特徴	同じポリエチレンでもその構造によって性質が異なるため、密度や分子量で高密度ポリエチレン、低密度ポリエチレン、超高分子量ポリエチレンなど数種類に分類される		
長所	衝撃強度は高く耐寒性も優れている 耐水性、耐薬品性に優れ、水蒸気の透過性は低い 電気的特性に優れている 摩擦摩耗特性に優れ、自己潤滑性がある 食品衛生性に優れる（食品や容器に使用できる安全性がある）		
短所	接着性や印刷性が良くない 静電気が発生しやすい 紫外線で劣化しやすい		

高密度一般的性質					
	単位	値		単位	値
物理的・機械的性質			熱的性質		
比重	−	0.95–0.97	線膨張率	10^{-5}/℃	5.9–11
硬度（ショア）	−	D66–73	成形温度（射出成形）	℃	180–260
引張強さ	MPa	23–31	成形収縮率	%	1.5–4.0
圧縮強さ	MPa	19–25	化学的光学的性質		
曲げ強さ	MPa	7–49	耐酸性・耐アルカリ性	酸化性酸に侵される	
アイゾッド衝撃強さ	J/m	22–216	吸水率	%	<0.01

低密度一般的性質					
	単位	値		単位	値
物理的・機械的性質			熱的性質		
比重	−	0.92–0.93	線膨張率	10^{-5}/℃	10～22
硬度（ショア）	−	D44–50	成形温度（射出成形）	℃	150～230
引張強さ	MPa	8～31	成形収縮率	%	1.5～5.0
圧縮強さ	MPa	−	化学的光学的性質		
曲げ強さ	MPa	−	耐酸性・耐アルカリ性	酸化性酸に侵される	
アイゾッド衝撃強さ	J/m	破壊せず	吸水率	%	<0.01

名称	ポリプロピレン	略称	PP
特徴	ポリプロピレン（PP）の性質は、ポリエチレン（PE）に類似するところが多い 引張強さ、ストレスクラッキング性、透明性などの点においてはPPのほうが優れる		
長所	軽量である（比重が汎用プラスチックの中で最も小さい） 熱可塑性に優れている（成形性が良く、リサイクルも可能） 繰り返しの折り曲げに強い （ヒンジ特性に優れている） 食品衛生性に優れる（食品や容器に使用できる安全性がある） 有機溶剤には常温で耐性がある		
短所	耐候性が悪く日光にあたると白くなる（添加剤によっては条件次第で屋外使用も可能） 接着が困難 印刷にも不適合で印刷が必要な場合は表面処理が必要になる 熱による変化に弱い		

一般的性質					
	単位	値		単位	値
物理的・機械的性質			熱的性質		
比重	−	0.90−0.91	線膨張率	10^{-5}/℃	8.1−10.0
硬度（ロックウェル）	−	R80−102	成形温度（射出成形）	℃	190−290
引張強さ	MPa	31−41	成形収縮率	%	1.0−2.5
圧縮強さ	MPa	38−55	化学的光学的性質		
曲げ強さ	MPa	41−55	耐酸性・耐アルカリ性	酸化性酸に侵される	
アイゾッド衝撃強さ	J/m	22−75	吸水率	%	0.01−0.03

名称	ポリスチレン	略称	PS
特徴	５大汎用樹脂（PE（高密度、低密度）、PP、PVC そして PS）のうちの一つ。安価で非常に多岐に渡って使用されている。大きく分けて、透明な汎用ポリスチレン（GPPS）とゴムを加えた乳白色の耐衝撃性ポリスチレン（HIPS）の２種類がある（以下の長所・短所・性質は汎用のもの）		
長所	透明性が良い（光透過性はガラスに近く、アクリルよりは劣る） 軽量で比重は PP、PE に次いで小さい 成形性がよく、着色も自由にできる。さらに成形品の寸法安定性が良い 電気的特性に優れる 耐候性、耐薬品性に優れる 発泡させやすい		
短所	連続耐熱温度は 60～80℃で軟化温度が低い 硬いが脆く、耐衝撃性が良くない 油類、有機溶剤に弱い		

一般的性質					
	単位	値		単位	値
物理的・機械的性質			熱的性質		
比重	–	1.04–1.05	線膨張率	10^{-5}/℃	5.0–8.3
硬度（ロックウェル）	–	M60–75	成形温度（射出成形）	℃	180–260
引張強さ	MPa	36–52	成形収縮率	%	04–0.7
圧縮強さ	MPa	82–89	化学的光学的性質		
曲げ強さ	MPa	69–101	耐酸性・耐アルカリ性	酸化性酸、強アルカリに侵される	
アイゾッド衝撃強さ	J/m	19–24	吸水率	%	0.01–0.03

名称	ポリ塩化ビニル	略称	PVC
特徴	略して塩ビと呼ばれる樹脂。安価に大量生産され絶縁・耐水性などに優れるが、耐気候性が悪く、温度差に弱い。用途に合わせて硬質、軟質と、任意の硬さで成形することができる		
長所	強度、電気絶縁性、難燃性、耐候性、耐薬品性などに優れる 可塑剤の配合により軟質から硬質まで自由に製造できる 安価に製造できる		
短所	耐熱性が弱く、−20℃で脆化、65℃〜85℃で軟化する（ただし、この特性を活かして配管パイプを曲げることができる） 耐衝撃性に弱い 温度管理を十分に行わないと、成形品が熱分解により、焼けを発生したり、金型を腐食してしまう原因となる 酸、アルカリには強いが有機溶剤に弱い		

硬質一般的性質					
	単位	値		単位	値
物理的・機械的性質			熱的性質		
比重	−	1.30−1.58	線膨張率	10^{-5}/℃	5.0−10.0
硬度（ショア）	−	D65−85	成形温度（射出成形）	℃	150−210
引張強さ	MPa	41−52	成形収縮率	%	0.1−0.5
圧縮強さ	MPa	55−89	化学的光学的性質		
曲げ強さ	MPa	69−110	耐酸性・耐アルカリ性	強酸にわずかに侵される	
アイゾッド衝撃強さ	J/m	22−1117	吸水率	%	0.04−0.40

軟質一般的性質					
	単位	値		単位	値
物理的・機械的性質			熱的性質		
比重	−	1.16−1.35	線膨張率	10^{-5}/℃	7.0−25.0
硬度（ロックウェル）	−	A50−100	成形温度（射出成形）	℃	160−200
引張強さ	MPa	11−25	成形収縮率	%	1−5
圧縮強さ	MPa	6−12	化学的光学的性質		
曲げ強さ	MPa	−	耐酸性・耐アルカリ性	強酸にわずかに侵される	
アイゾッド衝撃強さ	J/m	−	吸水率	%	0.15−0.75

名称	ポリメチルメタクリレート	略称	PMMA
特徴	いわゆるアクリル樹脂。美しい透明性と優れた耐衝撃性を併せ持ち、フォトフレームや水族館の水槽、飛行機の窓などさまざまな製品に使用されている		
長所	94%という高い光透過性を持ち一般ガラスよりも透過率がよい 強度、剛性が大きく、機械加工やヒーター曲げなども容易 耐候性がよい		
短所	耐熱性が低く、連続耐熱温度は60℃～95℃（耐熱グレードもある） 酸には強いが、強アルカリや有機溶剤には弱い		

一般的性質					
	単位	値		単位	値
物理的・機械的性質			熱的性質		
比重	―	1.17-1.20	線膨張率	10^{-5}/℃	5.0-9.0
硬度（ロックウェル）	―	M68-105	成形温度（射出成形）	℃	160-260
引張強さ	MPa	48-73	成形収縮率	%	0.1-0.4
圧縮強さ	MPa	73-125	化学的光学的性質		
曲げ強さ	MPa	73-131	耐酸性・耐アルカリ性	酸化性酸、強アルカリに侵される	
アイゾッド衝撃強さ	J/m	11-22	吸水率	%	0.1-0.4

※比重：物体の密度。単位体積当たり質量のこと
硬度：硬さ、物体の変形しにくさ、傷つきにくさ。ロックウェルやショアなど、さまざまな測定方法がある
強さ：強度のこと。引張、圧縮、曲げなどの種類がある
衝撃強さ：物体に不可を与えたときの抵抗。測定方法によってアイゾッド、シャルピーなどがある
線膨張率：温度上昇による物体の長さや体積が膨張する割合を温度当たりで示したもの
成形温度：成形時に適した温度
収縮率：樹脂が溶融され、金型内に充填、冷却されて固化する際の収縮の比率
耐酸性・耐アルカリ性：酸性、アルカリ性での物体の耐久性
吸水率：一定条件下で材料が水を吸収する割合

表 2-8　エンジニアリングプラスチック（PC、PA、POM、PBT）

名称	ポリカーボネート		略称	PC
特徴	透明で寸法安定性が良い汎用エンジニアリングプラスチック。同じ透明性の優れた樹脂の代表で PMMA（アクリル）があるが、PMMA に比べて吸湿性が小さいので寸法変化や形状精度維持の点で PMMA より有利となる			
長所	汎用エンプラで唯一透明で光学機器にも用いられる 成形収縮が小さく、吸水性が小さいため寸法安定性がある 耐衝撃性が抜群に良い 耐熱性、低温特性が良く、使用可能温度が－100℃～140℃と広範囲 絶縁抵抗、耐電圧に優れている 耐候性が良い			
短所	耐疲労性に弱く、脆弱破壊が起こる アルカリ、有機溶媒に弱い 高温高湿度環境下で加水分解 応力亀裂を起こしやすい			

一般的性質					
	単位	値		単位	値
物理的・機械的性質			熱的性質		
比重	–	1.20	線膨張率	10^{-5}/℃	6.8
硬度（ロックウェル）	–	M70–72	成形温度（射出成形）	℃	290
引張強さ	MPa	64–66	成形収縮率	%	0.5–0.7
圧縮強さ	MPa	69–86	化学的光学的性質		
曲げ強さ	MPa	93	耐酸性・耐アルカリ性	侵される	
アイゾッド衝撃強さ	J/m	640–854	吸水率	%	0.15

名称	ポリアミド	略称	PA
特徴	一般的にはナイロンと呼ばれる樹脂でさまざまな種類があり、代表的なものに6ナイロン（PA6）と66ナイロン（PA66）がある。エンジニアリングプラスチックとしてだけでなく繊維素材としても用いられる。PA6と比較すると、PA66のほうが耐熱性、機械的強度において、より優れた値を示す		
長所	耐薬品性に優れ、ガソリン・オイル等の有機溶剤に対して優れた耐性がある 強靭性、耐衝撃性、柔軟性がある ガラス繊維など充填剤により機械的強度や熱変形温度の向上が可能 食品衛生法に適する 広い温度域で強度を保つ		
短所	吸水しやすく吸水により強度や寸法が変化しやすい 紫外線で劣化しやすい		

PA6　一般的性質					
	単位	値		単位	値
物理的・機械的性質			熱的性質		
比重	－	1.12-1.14	線膨張率	10^{-5}/℃	8.0-.8.3
硬度（ロックウェル）	－	R119	成形温度（射出成形）	℃	230-290
引張強さ	MPa	41-166	成形収縮率	%	0.5-1.5
圧縮強さ	MPa	89-110	化学的光学的性質		
曲げ強さ	MPa	108	耐酸性・耐アルカリ性	強酸・強アルカリに侵される	
アイゾッド衝撃強さ	J/m	32-118	吸水率	%	1.3-1.9

PA66　一般的性質					
	単位	値		単位	値
物理的・機械的性質			熱的性質		
比重	－	1.07-1.09	線膨張率	10^{-5}/℃	0.16
硬度（ロックウェル）	－	R100	成形温度（射出成形）	℃	280-300
引張強さ	MPa	48-67	成形収縮率	%	0.8-1.5
圧縮強さ	MPa	－	化学的光学的性質		
曲げ強さ	MPa	59	耐酸性・耐アルカリ性	強酸・強アルカリに侵される	
アイゾッド衝撃強さ	J/m	907-1014	吸水率	%	1.0-1.3

名称	ポリアセタール	略称	POM
特徴	結晶性が高く、耐疲労性に優れる樹脂。略してポムと呼ばれる。POMにはホモポリマーとコポリマーがある。ホモポリマーは結晶化度が高いため強度・剛性が大きい。一方、コポリマーは成形時の熱安定性が優れている		
長所	吸水性が小さく、寸法安定性が良く 自己潤滑性であり、耐摩耗性、摺動性に優れ、軸受けにも使用される 連続使用温度が比較的高い 耐油性、耐薬品性が優れている		
短所	耐候性が悪い 燃えやすい 接着性が悪い		

ホモポリマー 一般的性質					
	単位	値		単位	値
物理的・機械的性質			熱的性質		
比重	—	1.42	線膨張率	10^{-5}/℃	10.0–11.3
硬度（ロックウェル）	—	M92–94	成形温度（射出成形）	℃	190–240
引張強さ	MPa	67–69	成形収縮率	%	2.0–2.5
圧縮強さ	MPa	108–125	化学的光学的性質		
曲げ強さ	MPa	94–99	耐酸性・耐アルカリ性	酸化性酸、強アルカリに侵される	
アイゾッド衝撃強さ	J/m	64–123	吸水率	%	0.25–0.40

コポリマー 一般的性質					
	単位	値		単位	値
物理的・機械的性質			熱的性質		
比重	—	1.41	線膨張率	10^{-5}/℃	6.1–8.5
硬度（ロックウェル）	—	M78–90	成形温度（射出成形）	℃	180–220
引張強さ	MPa	—	成形収縮率	%	2.0
圧縮強さ	MPa	100	化学的光学的性質		
曲げ強さ	MPa	89	耐酸性・耐アルカリ性	酸化性酸、強アルカリに侵される	
アイゾッド衝撃強さ	J/m	43–80	吸水率	%	0.20–0.22

名称	ポリブチレンテレフタレート	略称	PBT
特徴	エンプラの中でも耐熱耐久性に優れる樹脂。物性のバランスがよくとれたプラスチックといわれている。寸法安定性も良好なため、精密さが要求される部品にもよく使われている。ガラス繊維入りなどさまざまなグレードがある		
長所	長期間熱安定性に優れる 吸水率が少なく寸法安定性に優れる 絶縁性が高く、熱可塑性樹脂の中ではもっとも高い値 強アルカリ以外の耐薬品性が高い		
短所	強アルカリ、フェノール類に弱い 加水分解の恐れがあるため、熱湯など高温高湿度環境下では弱い		

一般的性質					
	単位	値		単位	値
物理的・機械的性質			熱的性質		
比重	–	1.30–1.38	線膨張率	10^{-5}/℃	6.0–9.5
硬度（ロックウェル）	–	M68–78	成形温度（射出成形）	℃	220–270
引張強さ	MPa	57	成形収縮率	%	1.5–2.0
圧縮強さ	MPa	59–100	化学的光学的性質		
曲げ強さ	MPa	82–115	耐酸性・耐アルカリ性	侵される	
アイゾッド衝撃強さ	J/m	37–53	吸水率	%	0.08–0.09

※比重：物体の密度。単位体積当たり質量のこと
硬度：硬さ、物体の変形しにくさ、傷つきにくさ。ロックウェルやショアなど、さまざまな測定方法がある
強さ：強度のこと。引張、圧縮、曲げなどの種類がある
衝撃強さ：物体に不可を与えたときの抵抗。測定方法によってアイゾッド、シャルピーなどがある
線膨張率：温度上昇による物体の長さや体積が膨張する割合を温度当たりで示したもの
成形温度：成形時に適した温度
収縮率：樹脂が溶融され、金型内に充填、冷却されて固化する際の収縮の比率
耐酸性・耐アルカリ性：酸性、アルカリ性での物体の耐久性
吸水率：一定条件下で材料が水を吸収する割合

表 2-9　スーパーエンジニアリングプラスチック（PEEK、PPS）

名称	ポリエーテルエーテルケトン	略称	PEEK
特徴	高価であるが、耐熱性、機械的強度、耐薬品性などに優れた熱可塑性高機能プラスチック。エンプラの性能を上回るスーパーエンジニアリングプラスチックの代表的な樹脂であり、先端分野を支える重要材料である		
長所	抜群の耐熱性、高温特性 機械的強度、特に耐クリープ性、耐疲労性が優れている 耐薬品性に優れる 難燃性である 耐放射線性に優れる 優れた電気絶縁性		
短所	高価である		

一般的性質					
	単位	値		単位	値
物理的・機械的性質			熱的性質		
比重	―	1.30	線膨張率	10^{-5}/℃	4.0-4.7
硬度（ロックウェル）	―	―	成形温度（射出成形）	℃	350-400
引張強さ	MPa	71-103	成形収縮率	%	0.7-1.9
圧縮強さ	MPa	125	化学的光学的性質		
曲げ強さ	MPa	110	耐酸性・耐アルカリ性	―	
アイゾッド衝撃強さ	J/m	85	吸水率	%	0.10-0.14

名称	ポリフェニレンサルファイド	略称	PPS
特徴	架橋型と直鎖型がある。架橋型は、耐熱性・耐クリープ性に優れるが、茶色で固く脆い。直鎖型は白く、引張・曲げ強度は架橋型の10倍程度もあるが、耐熱性・耐クリープ性は架橋型に劣る。充填する材料の組み合わせを変えることにより、性能を強化することができる		
長所	耐熱性、高温特性に優れる 高い機械的強度 耐薬品性に優れる 吸水性が極めて低く、寸法安定性に優れる 難燃性である		
短所	非強化タイプは、脆い 射出成形時にガスが出やすく、バリを発しやすい		

一般的性質					
	単位	値		単位	値
物理的・機械的性質			熱的性質		
比重	−	1.35	線膨張率	10^{-5}/℃	4.9
硬度（ロックウェル）	−	R123	成形温度（射出成形）	℃	310−340
引張強さ	MPa	66−86	成形収縮率	%	0.6−0.8
圧縮強さ	MPa	110	化学的光学的性質		
曲げ強さ	MPa	96	耐酸性・耐アルカリ性	−	
アイゾッド衝撃強さ	J/m	26	吸水率	%	>0.02

※比重：物体の密度。単位体積当たり質量のこと
硬度：硬さ、物体の変形しにくさ、傷つきにくさ。ロックウェルやショアなど、さまざまな測定方法がある
強さ：強度のこと。引張、圧縮、曲げなどの種類がある
衝撃強さ：物体に不可を与えたときの抵抗。測定方法によってアイゾッド、シャルピーなどがある
線膨張率：温度上昇による物体の長さや体積が膨張する割合を温度当たりで示したもの
成形温度：成形時に適した温度
収縮率：樹脂が溶融され、金型内に充填、冷却されて固化する際の収縮の比率
耐酸性・耐アルカリ性：酸性、アルカリ性での物体の耐久性
吸水率：一定条件下で材料が水を吸収する割合

第3章

量産のための良い設計とは（金型と強度を意識する）

3-1 パーティングライン

量産に向けた製品設計については、抑えておきたい4点を第1章で説明したけれど、もちろんその4点だけで設計が収まることは滅多に……いや、まずない。

それはそうですよね……

うん。そこで金型のことも踏まえて、製品設計に必要なことをいくつか紹介したいと思う。

よろしくお願いします。

金型で分割される位置のことを「パーティングライン（PL）」というんだ。

はい。何度か出てきましたよね？

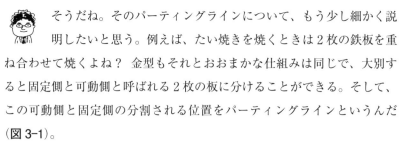

そうだね。そのパーティングラインについて、もう少し細かく説明したいと思う。例えば、たい焼きを焼くときは2枚の鉄板を重ね合わせて焼くよね？ 金型もそれとおおまかな仕組みは同じで、大別すると固定側と可動側と呼ばれる2枚の板に分けることができる。そして、この可動側と固定側の分割される位置をパーティングラインというんだ（図3-1）。

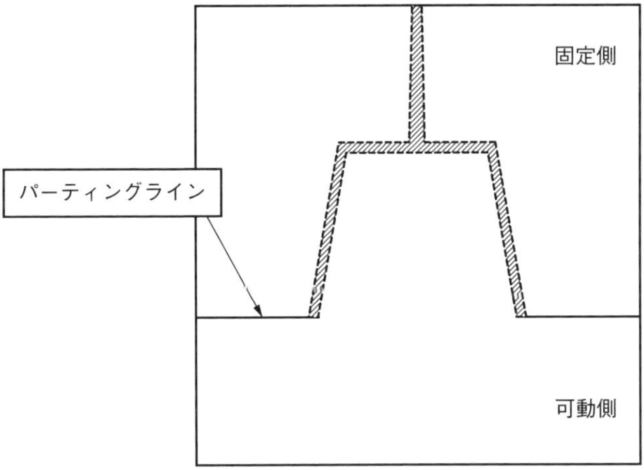

図 3-1　パーティングライン

このパーティングラインはどこに設定してもいいわけではなく、製品を金型平面で見たときに一番外側になる部分に設定する。それ以外の位置に設定した場合には、通常の金型の動きでは製品を取り出すことができないアンダーカットと呼ばれる形状が発生してしまう（**図 3-2**）。

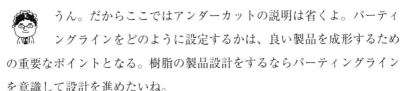

アンダーカットについては、さきほど第１章で教えていただきましたね。

うん。だからここではアンダーカットの説明は省くよ。パーティングラインをどのように設定するかは、良い製品を成形するための重要なポイントとなる。樹脂の製品設計をするならパーティングラインを意識して設計を進めたいね。

なるほど、具体的にはどのような点に注意して設計すればよいですか？

そうだね。まずは「製品のどちら側を固定側に設定するのか？」を考えてみよう。一般的には次の２つの条件に合う側を固定側とするんだ。

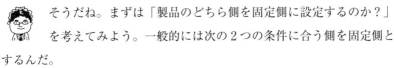

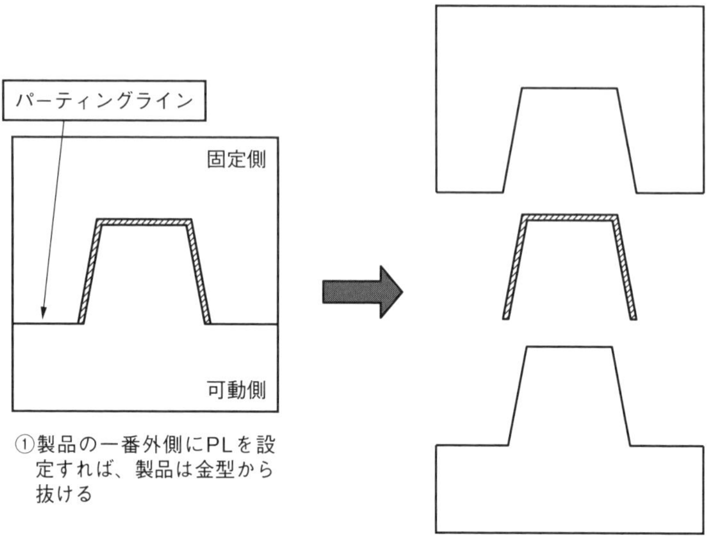
パーティングライン
固定側
可動側
①製品の一番外側にPLを設定すれば、製品は金型から抜ける

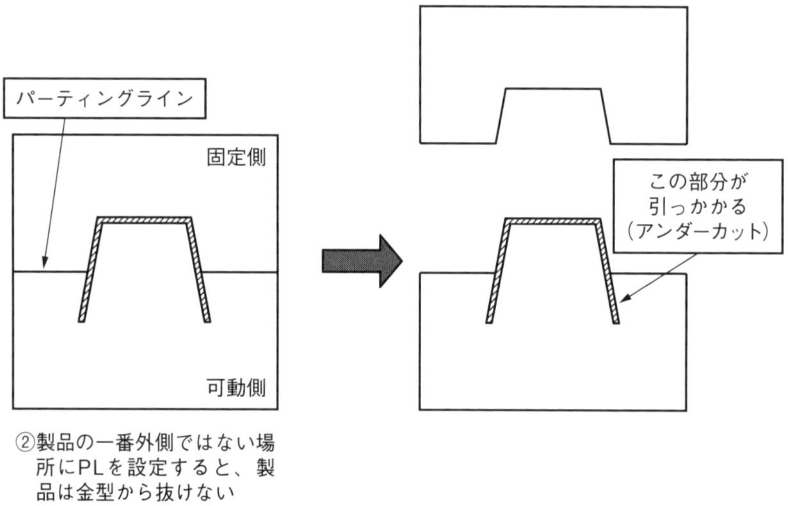
パーティングライン
固定側
可動側
この部分が引っかかる（アンダーカット）
②製品の一番外側ではない場所にPLを設定すると、製品は金型から抜けない

図3-2　パーティングライン（PL）の設定場所による違い

【条件 1】製品として目に見える側（表側）を固定側にする

可動側には製品を金型から突き出すための突出機構を設定するが、どうしても成形時にはその跡が残ってしまう。これが製品として見える側だとその跡が外観不良の原因となってしまう。そのため、特に外観部品などでは表側（製品として見える側）を突出ピンなどのない固定側に設定する（**図3-3**）。

【条件 2】離型しやすい側（離型抵抗の小さい側）を固定側にする

成形中、型が開いたときに製品は突出し機構のある可動側に残っていなければならない。そのため、離型しやすい側を固定側に設定して製品を可動側に残す必要がある。

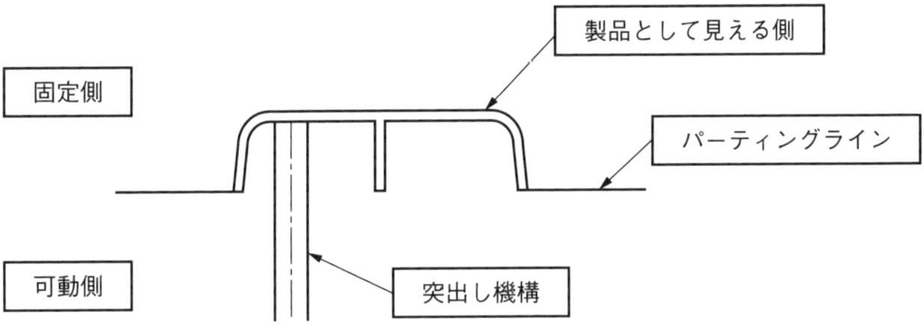

図 3-3　製品として見える側が金型の固定側

これってデザインによっては判断に迷いそうですね。

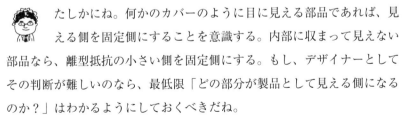

たしかにね。何かのカバーのように目に見える部品であれば、見える側を固定側にすることを意識する。内部に収まって見えない部品なら、離型抵抗の小さい側を固定側にする。もし、デザイナーとしてその判断が難しいのなら、最低限「どの部分が製品として見える側になるのか？」はわかるようにしておくべきだね。

なるほど、そのぐらいはできますね。

さて、どちらが固定側かが決まったら、次はパーティングラインの説明をしていこう。パーティングラインの設計に関しては次の4つを意識して設計をすすめるとよいかな。

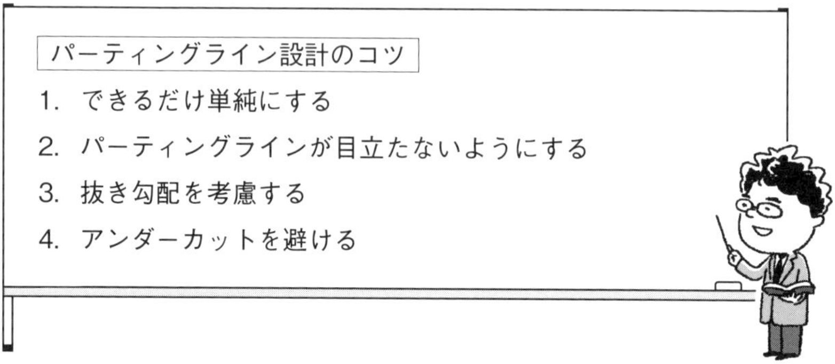

パーティングライン設計のコツ
1. できるだけ単純にする
2. パーティングラインが目立たないようにする
3. 抜き勾配を考慮する
4. アンダーカットを避ける

それじゃあ、ひとつずつ説明していくよ。

お願いします！

(1) できるだけ単純にする

まずパーティングラインはできる限り単純にしたほうがいい。

単純ですか？

パーティングラインは、金型の固定側と可動側が合わさる部分なのはさっきもいったとおりだ。そのパーティングラインが単純な形状と複雑な形状だと、どちらの加工が手間になるかわかるよね。

それは複雑なほうが手間ですよね。

そのとおり。加工が手間になるということは、それだけ時間・費用がかかるし、さらには金型の調整が難しくなってくる。そうなると成形のときにバリなどの不具合が発生しやすくなってしまうんだ。だからパーティングラインは可能な限り単純にするのがいいんだ（**図 3-4**）。

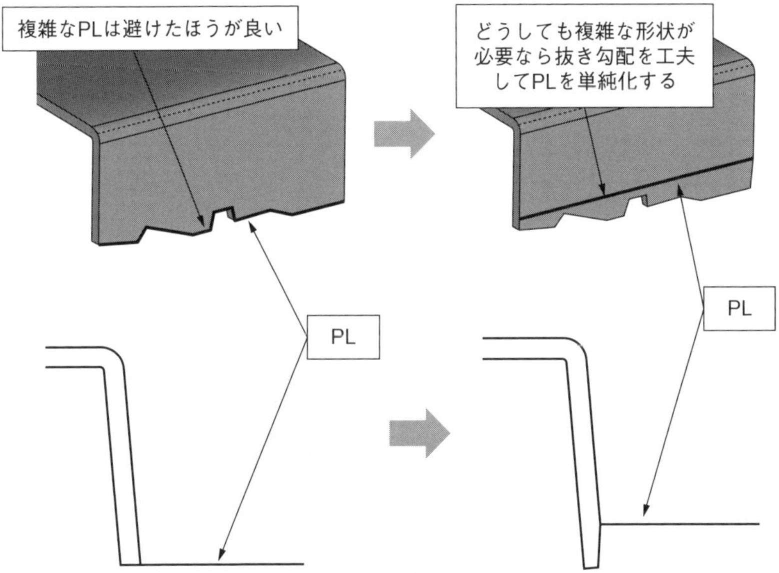

複雑なPLは避けたほうが良い
どうしても複雑な形状が
必要なら抜き勾配を工夫
してPLを単純化する
PL
PL

図 3-4　パーティングライン（PL）を単純にする

(2) パーティングラインが目立たないようにする

目立たないってどういうことですか？

パーティングラインは製品に分割線として跡が残ってしまうんだ。そのためパーティングラインを製品の見える部分に設定したりするとその跡が目立ってしまう。

なるほど、それだと場合によっては格好悪くなりそうですね。

そうだよね。だからパーティングラインはできる限り目立たない位置に設定するのが望ましいんだ。例えばコーナーRのR止まりや製品の段差部などはラインが目立たないためよく設定されるね（**図3–5**）。

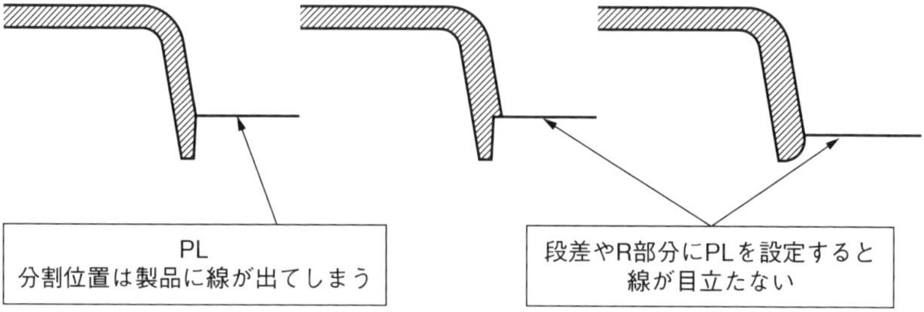
PL
分割位置は製品に線が出てしまう
段差やR部分にPLを設定すると
線が目立たない

図3–5　パーティングライン（PL）は目立たない位置に設定する

(3) 抜き勾配を考慮する

量産する製品に抜き勾配が必要なのは1章で説明したとおりだ。

はい。

その勾配の付き方で、パーティングラインの位置が自然と決まってくる。もし、勾配がついていない製品に対して量産向けに勾配を付けていくのであれば、パーティングラインがどの位置になるのか考えて勾配をつけるといいね（**図3–6**）。

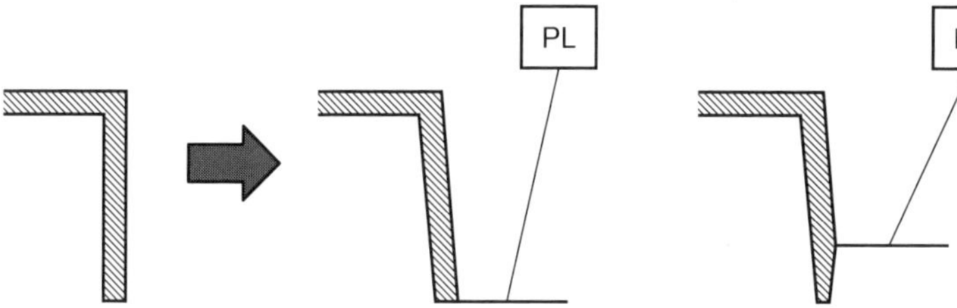

図 3-6　勾配の付け方でパーティングライン（PL）の位置が変わる

（4）アンダーカットを避ける

アンダーカットについては第１章で教えていただきました。金型のコストアップに繋がるので製品設計の段階でできるだけ解消しておくと良いのですよね？

そうだね。

ただ、どうしてもアンダーカットを避けられない場合もありますよね？　そういった場合はどう考えれば良いでしょう？

うん、それはそうだね。ではアンダーカットがある製品について、次の節で説明しよう。

よろしくお願いします。

3-2 アンダーカットの処理

アンダーカットはできるだけ避けたほうがいい、というのは理解してもらっていると思うけど、原さんのいうとおり、実際問題としてアンダーカットにせざる得ない場合も多々あるよね。では、アンダーカットがある製品形状の場合、どのようにしてアンダーカットが処理されるのか、少し説明したいと思う。

よろしくお願いします。

アンダーカットは大きく製品の外側に処理する場合と、内側に処理する場合の2つに分けて考えることができる（**図3-7**）。

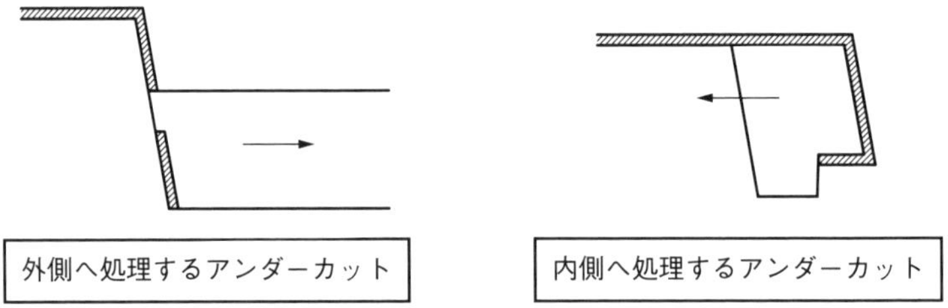

図3-7　2種類のアンダーカット

実際にアンダーカットの処理を設計するのは、製品設計者ではなく金型設計者なので、具体的なことを理解する必要はない。しかし、アンダーカットで処理できない形状もあるので製品設計する際にどうしてもアンダーカットが必要ならば、最低限アンダーカットの処理ができない形状はおさえておかないといけない。

どういった場合が処理できないんでしょうか？

アンダーカットの処理ができない形状は大きく２つあげられる。

1. アンダーカットの方向に狭くなっている
2. アンダーカットの方向に障害物がある

ひとつひとつ説明していくね。

お願いします。

（1）アンダーカットの方向に狭くなっている

アンダーカット処理は、別のコマ（部品）を動かして処理している。そのため製品形状がアンダーカットを処理する方向に狭くなっていたら、その部品は形状に引っかかってしまい動くことができなくなってしまう。だからアンダーカットの方向に対して製品形状が広くなっている必要があるんだ（図 3-8）。

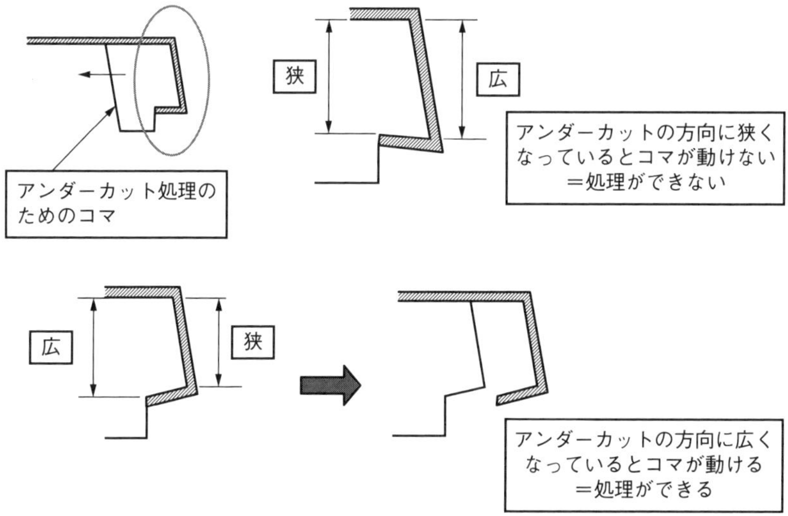

図 3-8　アンダーカット処理ができる形とは

(2) アンダーカットの方向に障害物がある

コマの進行方向にリブや凹形状などがあった場合、コマと干渉してしまいアンダーカットとしては不成立になってしまう（**図 3-9**）。原則としてアンダーカットの進行方向にはリブや凹み形状などは設定してはいけない。

これは判断に迷いそうですね……

そうだね。なかなか金型設計者ではないと完全に設定するのは難しいかもしれないね。ただ、どのようにして処理されるのかを大まかにでも知っておけば、より良い設計につなげることができるので知っておくべきではあるね。

そうですね。

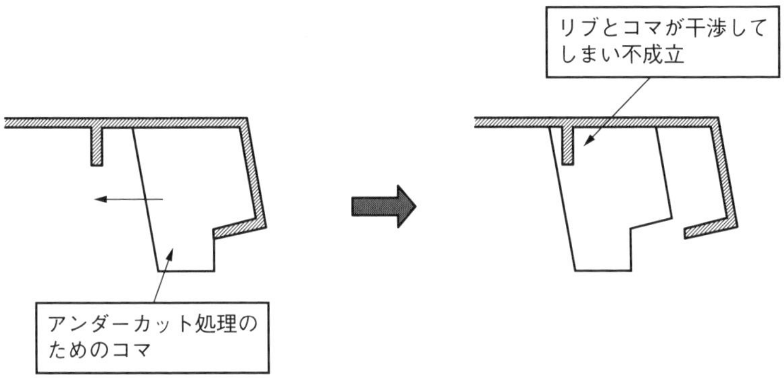

図 3-9　アンダーカット処理ができない例

3-3 突出しの跡

金型で成形した製品は通常可動側に張り付いているんだ。この張り付いた製品を金型から取り外さなければならない。単純に金型に張り付くといっても、製品は樹脂が収縮する関係でかなりしっかりと金型に張り付いているし、そもそも量産をする以上、いちいち手で外すような手間をかけてはいられない。そこで金型から製品を取り外すための機構、突出し機構が必要になってくるんだ（図3-10）。

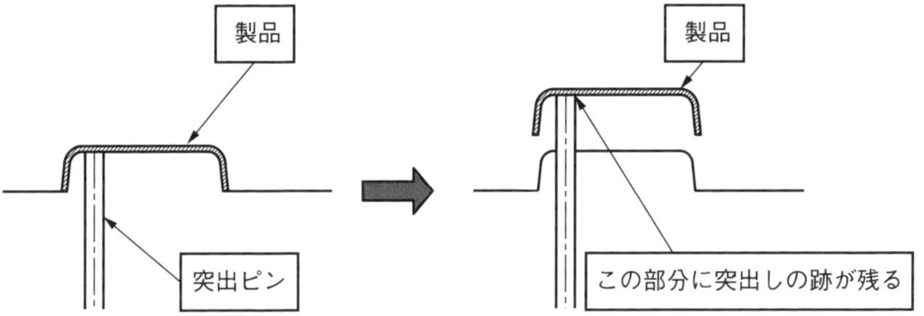

図3-10　突出し機構

なるほど、でもこれって完全に金型設計の範囲ですよね？

そうだね。突出し機構そのものは金型設計の範疇だから、デザインや製品設計で指定することはあまりない。

だったら、デザイナーはそこまで考えなくても良さそうですね。

確かにデザイナーがそこまで突出し機構の詳細を考える必要はない。ただし、突出した部分は製品に跡が残ってしまうんだ。だか

ら製品の見える部分に突出し機構を設定するのは避けたほうがよい。

なるほど。見える部分にその跡が出てたらおかしいですものね。

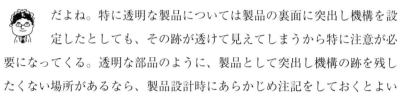

だよね。特に透明な製品については製品の裏面に突出し機構を設定したとしても、その跡が透けて見えてしまうから特に注意が必要になってくる。透明な部品のように、製品として突出し機構の跡を残したくない場所があるなら、製品設計時にあらかじめ注記をしておくとよいね。

わかりました。

3-4 ランナーとゲート

製品を金型で成形する場合、成形機から材料となる樹脂が射出されてそれが金型の中を通って製品部に充填される。この製品部に充填されるまでの樹脂の通り道をランナーといい、ランナーと製品部分を繋いでいる部分をゲートというんだ（図 3-11）。プラモデルを見ると部品の周りにフレームが付いているよね？

はい。

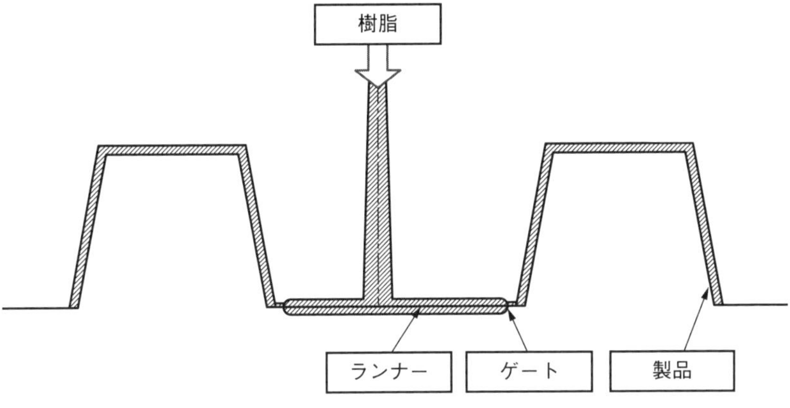

図 3-11　ランナーとゲート

このフレームがランナーなんだ。プラモデルの場合はランナーが付いた状態で箱に入っているわけだけど、通常の製品ではランナーは不要な部分なので取り除かれている。このランナーの設計に関しては金型設計の範疇なので省略するけれど、ゲートについてはさまざまな形状があって、その形状によって製品にも影響がでてくる場合がある。製品の形状によって向き不向きはあるけれど、ある程度の特徴を知っておけば製品設計に活かすことができるので、知識として知っておくと良いね（**図3-12**）。

なるほど、わかりました。

図 3-12　おもなゲート形状

ダイレクトゲート

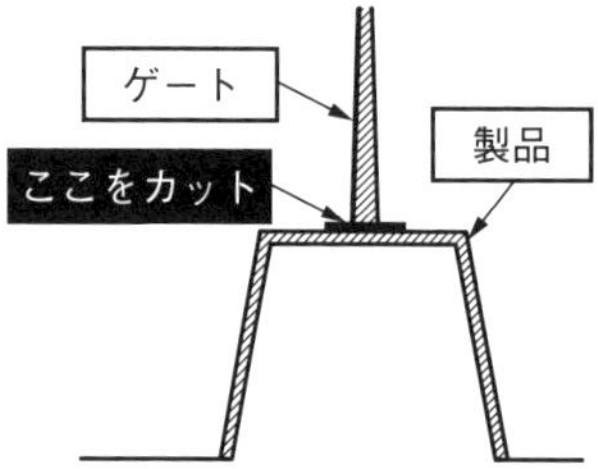

ランナーを介さずに直接製品にゲートを落とす方法。バケツや箱など断面が均一な製品で多く見られる。形状は限定されるが成形バランスが取りやすく、ランナーを必要としないため、設定が容易で樹脂の節約になる。

サイドゲート

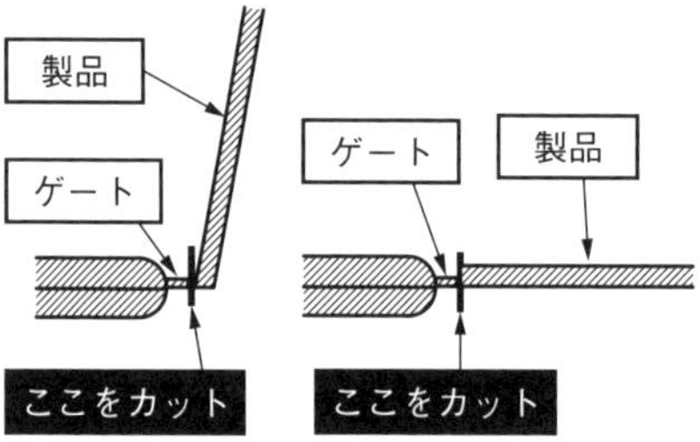

製品の側面に付けるゲート。加工が簡単で、多数個取りにも対応できることから、最もよく使用されているゲート形状といえる。成形品を金型から取り出した後、ニッパーなどでゲートを切断して仕上げる必要がある。ゲート跡が残るので、目立たない場所に付けるなどの配慮が必要となる。

ジャンプゲート（オーバーラップゲート）

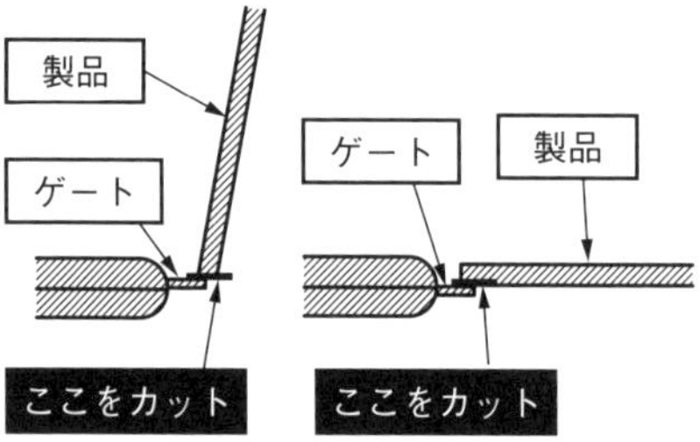

サイドゲートによく似ている形状。サイドゲートは製品の側面にゲートを設定するのに対して、ジャンプゲートは製品の上面または下面にゲートを設定する。サイドゲートで製品の側面に跡を残したくないときにこのゲートを使用する。サイドゲートと同様に加工は容易だが、サイドゲートに比べて若干ゲートカットがしづらいのが難点である。

トンネルゲート	
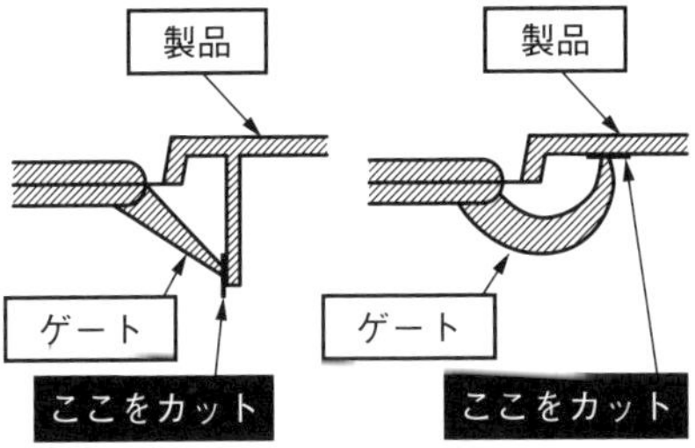	型が動作するタイミングで自動的に切断されるゲート形状。今までのゲートは成形後にゲートの処理が必要だったが、このゲートは多少のゲート跡は残るものの仕上げが不要となる。欠点はゲートを金型に潜らせるため加工が非常に手間となり、金型のコストアップになること。樹脂の種類によってはうまくゲートカットされない場合などがある。
ピンゲート	
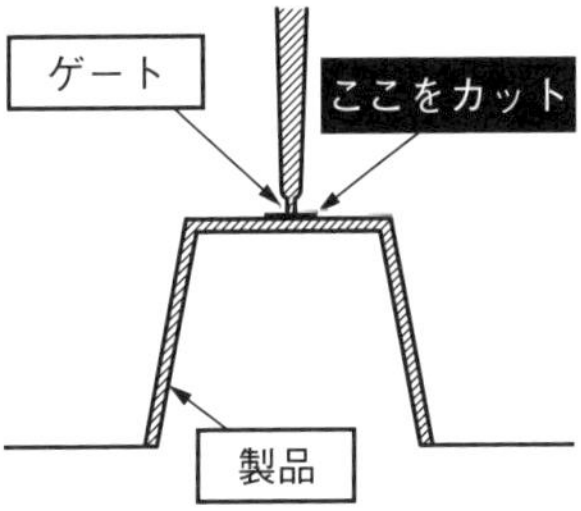	トンネルゲートと同様にゲートが自動的に切断されるゲート形状。仕上げも基本不要だが、ゲート跡は残る。固定側（意匠側）にゲートを設定するため、この跡が気になるような製品には向かない。 ランナーのレイアウトの自由度が高く、多点ゲートにも可能なことから応用性が非常に高いゲート構造といえる。 ただし、金型構造は３プレートタイプと呼ばれる複雑な構造となる。そのためトンネルゲート以上に加工の手間、コストアップに繋がる。また、樹脂の種類によってはゲートの切断がうまくいかない場合もある。

それぞれのゲートには当然メリット・デメリットがある。例えばバケツのような円筒状の製品であれば、ゲートの跡が残るデメリットがあっても、成形バランスの取りやすいダイレクトゲートがいい。月産数量が非常に多い製品であれば、金型に費用をかけてでも自動でゲートカットができるトンネルゲートやピンゲートを採用するのがいいだろう。ゲートの形状は基本的には金型メーカーと相談して決めることになるけれど、製品形状、生産計画、コストメリットなどトータルで考えてゲートを決めることが必要になるね。

3-5 製品の強度を意識する

製品設計をする上で、その製品の使用環境を考慮して設計をすすめる必要があるのはわかるよね。

はい。樹脂の選定のときにも仰ってましたね。

そうだね。製品設計をする上で耐候性や耐薬品性、耐熱性などさまざまな条件を考慮して設計をする必要がある。そんな条件のうちのひとつで、設計面で重要となるのが「強度」だ。

強度ですか？

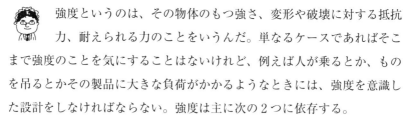

強度というのは、その物体のもつ強さ、変形や破壊に対する抵抗力、耐えられる力のことをいうんだ。単なるケースであればそこまで強度のことを気にすることはないけれど、例えば人が乗るとか、ものを吊るとかその製品に大きな負荷がかかるようなときには、強度を意識した設計をしなければならない。強度は主に次の２つに依存する。

1. 材料
2. 製品形状

材料は樹脂の種類のことですよね？

そう、そのとおり。樹脂によってそれぞれの「強度」がある程度決まっている。だからそれぞれの樹脂の物性表を参考にして、まずは樹脂の「強度」を知っておく必要がある。この樹脂の「強度」に対して物体内部に生じる「応力」と呼ばれる力が小さければ、その製品は外部

からの力に耐えられることになる。文章だとわかりにくいけど、式にするとこうなる。

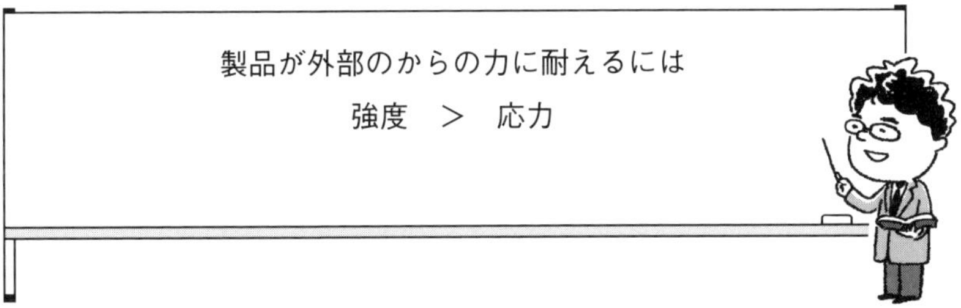

製品が外部のからの力に耐えるには
強度　>　応力

応力ですか？　物理で習ったような気がしますけど正直あいまいです。

はっはっはっ、そんなもんだよね。もう少し細かく説明してみよう。まず物体に外から加わる力（外力）のことを「荷重」という。例えば、手でその物体を押したときに物体に加わる力がそうだ。基本単位はニュートン［N］。

物体に「荷重」が作用すると、内部にはその荷重に抵抗する力「応力」が発生する。基本となる単位は荷重と同じニュートン［N］だ。さらに部材内に発生している単位面積あたりの応力のことを「応力度」といって、$1mm^2$ あたりにかかる力のことをいうんだ。その単位は［N/mm^2］。

ここで注意が必要なのが、応力度を単に応力として表現していることがほとんど、ということだ。ここでも応力度のことを応力として話を進めていく。

ややこしいですね……

だよね。だから強度計算をする際に混乱したら単位に注意を払うといいね。その応力が材料の許容できる限界を超えたときに物体は壊れてしまう。その許容できる限界がその物体の「強度」ということに

なる。ちなみに強度の単位は応力（度）と同じ［N/mm^2］。いうまでもないけれど強度設計をする目的は、製品に荷重が加わったときに壊れないようにすることだ。したがって、荷重について理解をすることが必要になる……と、説明してもわかりづらいだろうから図で説明するよ。

助かります！！

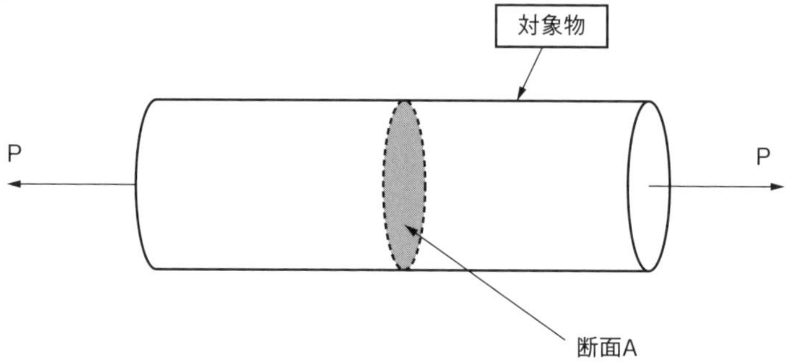

応力（度）σ［N/mm^2］＝荷重P［N］/断面A［mm^2］
壊れない　強度f［N/mm^2］＞応力（度）σ［N/mm^2］
壊れる　強度f［N/mm^2］＜応力（度）σ［N/mm^2］

図 3–13　荷重と応力の関係

図 3–13 は物体を引っ張ったときの荷重と応力の関係を示したものだ。この応力が材料によって定められた強度を超えてしまうとその物体は荷重に耐えられずに壊れてしまう。

なるほど、ようやくわかってきました。

ちなみに材料の強度は、樹脂の種類を説明した表 2–5 にも載っているので、それを参考にしてね。次にこの断面が細くなるとどうなるかみてみよう。**図 3–14** は見た目でどちらが弱いか一目瞭然だよね。

それは細いほうですよね？

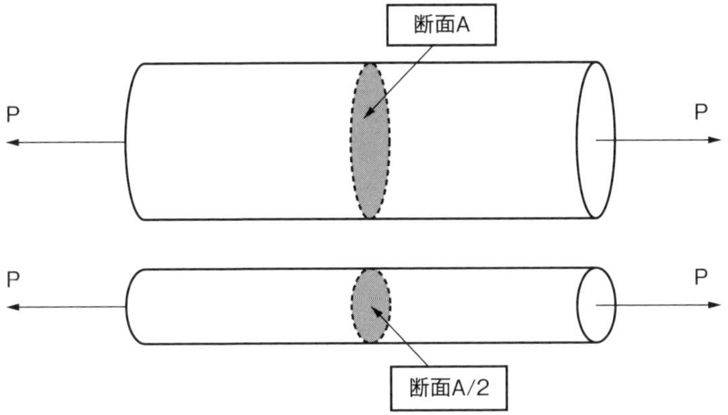

図 3-14　荷重と応力の関係（その 2）

そうだねそのとおり。仮に細いほうの断面積が、広いほうの半分だとするとその応力は２倍になる。

広いほうの応力（度）σ［N/mm^2］＝荷重 P［N］/断面 A［mm^2］
狭いほうの応力（度）σ'［N/mm^2］＝荷重 P［N］/断面 A/2［mm^2］

応力が２倍になるということはそれだけ壊れやすくなるということだ。このように応力は形状によってきまるものであることが理解できたかな？

なるほどわかりました。形状を変えることによって、応力が高くなったり、低くなったりするということですね。

うん、そういうことだね。応力にはその力のかかり方によって引張応力、圧縮応力、せん断応力、曲げ応力などの種類がある（**図 3-15**）。細かく説明していくとそれだけで本一冊分になってしまうので今回は省略するけれど、その製品に人が乗る、荷物を掛けるなど荷重のかかり方によって、それぞれの応力を計算しその荷重に耐えられる強度を持った製品設計をする必要があるんだ。

荷重	模式図	応力	例
引張荷重		引張応力	結束バンドなど
圧縮荷重		圧縮応力	椅子の脚など
せん断荷重	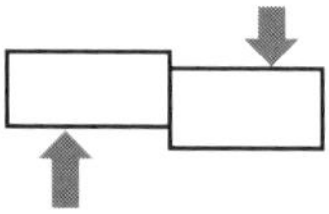	せん断応力	ボルト・リベットなど
曲げ荷重	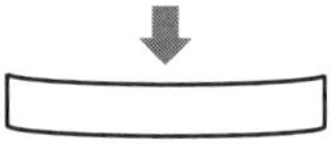	曲げ応力 (引張・圧縮)	椅子座面・釣り竿など
ねじり荷重	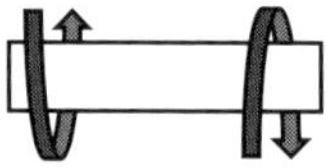	せん断応力	ネジ

図 3-15　さまざまな応力

第4章

具体的な形状の設計、複数部品の組み立て

4-1 部品の締結方法

さて、量産に向けた樹脂の設計について説明してきたけれど、ここまでは部品を単体でみた話だったよね。でも実際には、製品は部品が単体で成立するということはめったになくて、複数の部品を組み合わせることでひとつの製品となる。

そうですね。樹脂部品同士だけでなく、板金や電子基板などと合わせて組み立てることがほとんどだと思います。

そこで重要になるのがどうやって組み立てるのか？ になる。当然、部品の組み立て方法は１種類ということはないので、それぞれのメリット・デメリットを把握して設計に反映したいね。

はい。教えてください。

部品同士を組み付けるためには、それぞれの部品を固定・締結しなければいけないよね。

それはそうですね。ただ合わせただけだと外れてしまいますからね。

だよね。というわけで、部品を組み付けるための締結方法は非常に重要となってくる。その方法は大きく分けて３種類ある。それぞれにメリット・デメリットがあるから、順に説明していくよ。

【締結方法】

1. ネジ止めなど別の部品を用いて締結する方法

2. スナップフィット、爪など樹脂の形状で締結する方法

3. 接着剤や溶着などでカバー同士を接着する方法

1. ネジ止めなど別の部品を用いて締結する方法

まずはネジなどの別部品を用いて締結する方法だ（**図4-1**）。これはわかりやすいよね？

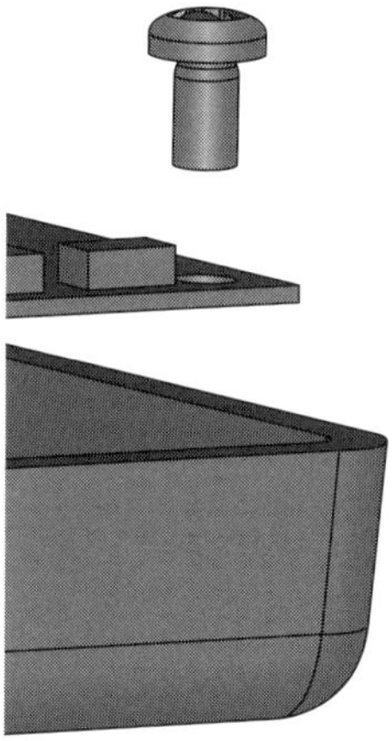

図 4-1　ネジ

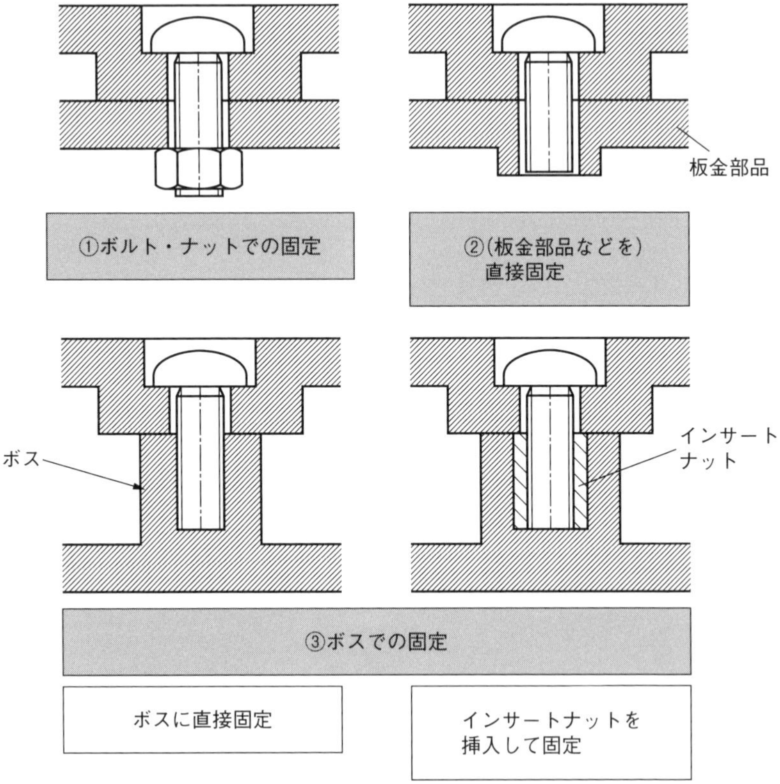

図 4-2　ネジ止めなど別部品を用いて締結する

ですね。よくありますよね。

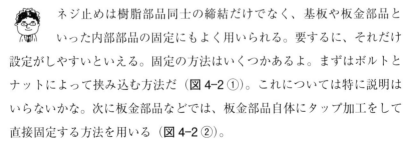

ネジ止めは樹脂部品同士の締結だけでなく、基板や板金部品といった内部部品の固定にもよく用いられる。要するに、それだけ設定がしやすいといえる。固定の方法はいくつかあるよ。まずはボルトとナットによって挟み込む方法だ（**図 4-2 ①**）。これについては特に説明はいらないかな。次に板金部品などでは、板金部品自体にタップ加工をして直接固定する方法を用いる（**図 4-2 ②**）。

タップはネジ穴のことですよね？

そうだね。板金部品に直接ネジ穴の加工をすることで直接固定することができるんだ。

なるほど。

３つ目に、ボスによる固定方法がある（**図 4-2 ③**）。これが樹脂部品の締結の特徴といっていい。ボスによる固定方法は、樹脂にビスで直接固定する方法とインサートナットと呼ばれる別部品を挿入してそこに固定する方法の２種類がある。

インサートナットを使うか使わないかは、どうやって判断すればいいんでしょうか？

樹脂に直接固定する方法は、ネジの脱着を繰り返すとだんだんネジ山が崩れてしまい固定する力が弱くなってしまう。それに対してインサートナットは、金属製の別部品なので脱着を繰り返してもねじ山が崩れることはなく、固定する力が弱くなることはない。

ということは、基本的にはインサートナットを入れたほうがいいですか？

インサートナットを入れるということはそれだけ部品点数が増えるということだから、その製品で例えば電池の蓋のようなネジの脱着をよくする部分ならばインサートナットを入れる、内部の基板など基本的に脱着をしないのであれば入れない、と使い分けるといいね。

なるほど、わかりました。

最後に、ビスで直接留める場合のボスの参考基準を紹介するよ（**図 4-3**）。まずネジの下穴は、ネジ径Ｍに対して 0.8〜0.9 倍のサイズで設定する。ボスの肉厚は製品の基本肉厚Ｔに対して 0.5〜0.8 倍で設定するので、ボスの外形はネジ径 M＋肉厚 0.5～0.8T の 2 倍となる。さらに下穴の底面 t の肉厚はヒケ対策として一般肉厚 T より薄くするのがよい。

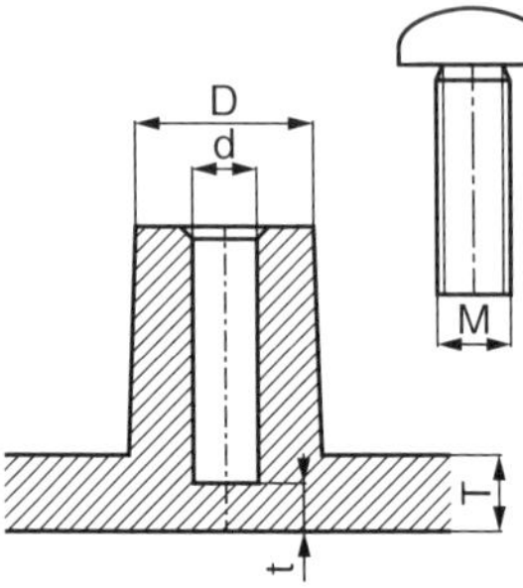

ネジ留め用のボスの参考基準　ネジ径 M	
d（下穴）	0.8～0.9M （使用するネジの推奨下穴径を参考にする）
D（ボス外径）	基本肉厚 T の 0.5～0.8 倍の肉厚にする D＝M＋2×0.5～0.8T
t	基本肉厚 T の 0.7～0.8 倍にする 0.7～0.8T

＊ボスは根本が肉厚になってしまうため表面にヒケが生じる可能性が高いことを考慮すること

図 4-3　ビスで直接留める場合

例えば、基本肉厚 T＝2 mm の製品で使用するネジが M5 ならば、下穴は 0.9 倍として d＝ ϕ 4.5 になる。ボスの外形は基本肉厚の 0.8 倍をボスの肉厚とすればボスの肉厚は 1.6 mm となるので、ネジ径 5＋肉厚 1.6×2 で外形は D＝ ϕ 8.2 mm となる。下穴の底面 t は基本肉厚の 0.8 倍とすれば t＝1.6 mm となる。

なるほど、わかりました。

2. スナップフィット、爪など樹脂の形状で締結する方法

次は、樹脂部品に引っかかり形状を設定して締結する方法だ。

引っかかりですか？

図を見るとわかるんじゃないかな？ 一般的にはスナップフィットとかツメとかいわれている樹脂のたわみを利用した**図 4-4** のような形状のことをいうんだ。

なるほど！ リモンコンの電池蓋がそうですかね？

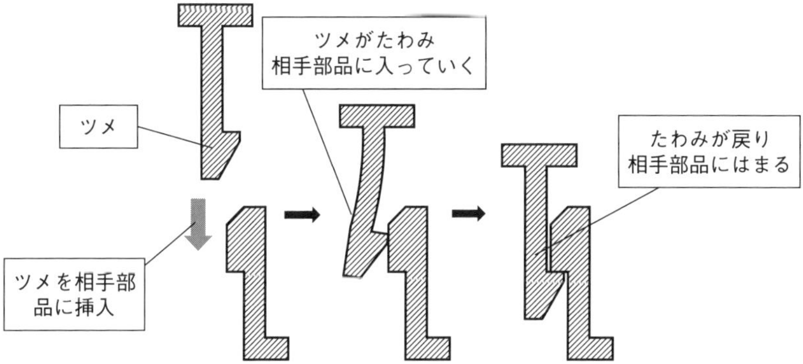
ツメがたわみ
相手部品に入っていく
ツメ
たわみが戻り
相手部品にはまる
ツメを相手部
品に挿入

図 4-4　引っかかり形状

そのとおり。あれも樹脂のたわみを利用したツメ形状だね。このツメ形状の設計のポイントとなるのが外す頻度と目的なんだ。

頻度と目的ですか？

例えば、電池蓋の場合は電池交換があるので一般のユーザーが頻繁に取り外しするよね？

そうですね。

その一方で、作業者がメンテナンスのときだけ外すような製品もあるよね？

確かに修理のときだけ外すような部品もありますね。

メンテナンスのときにだけ外すような部品が、電池蓋と同じような構造だと誰でも簡単に外せてしまって、一般ユーザーにいじられてしまい故障の原因となりかねない。逆に電池蓋のツメ構造がメンテナンスのときだけ使用するのと同じような構造だと電池交換に手間がかかってしまうよね。

確かにそうですね。

というわけで、ツメの構造はその頻度と目的によって構造が変わるんだ。

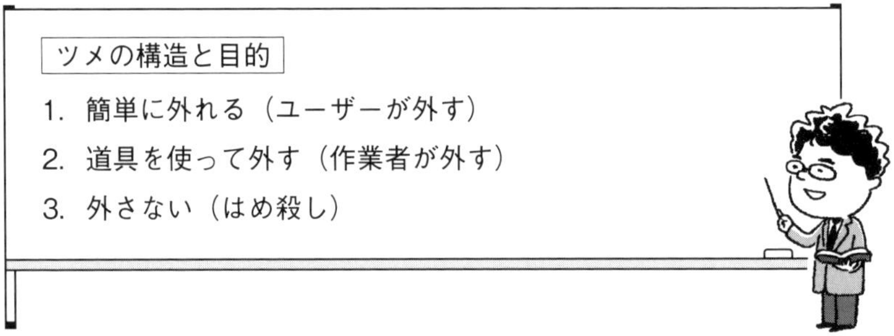

ツメの構造と目的
1. 簡単に外れる（ユーザーが外す）
2. 道具を使って外す（作業者が外す）
3. 外さない（はめ殺し）

これからそれぞれを説明していくけれど、ツメを使った設計方法は非常に多岐に渡るので、いろいろな製品を参考に見てみるといいね。

わかりました。

(1) 簡単に外れる（ユーザーが外す）

まずは、例えにもでてきた電池蓋のような簡単に外れる形状から説明しよう。電池蓋のような何度も繰り返し外すような部品は、ネジを設定するとネジを外す手間がかかるから論外。直感的に素手で容易に外せることが必要となってくる。

例えば、ツメの部分を指で押すことでたわませてツメを外す形状（**図4-5**）。これが電池蓋などによく見られる形状だね。

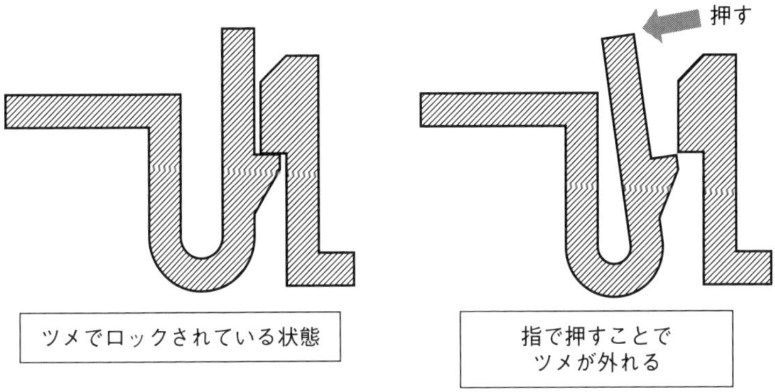

図4-5　たわませてツメを外す形状

もうひとつよく見られるのが玩具などで見られる両側から押すことでツメが外れる形状だ（**図4-6**）。

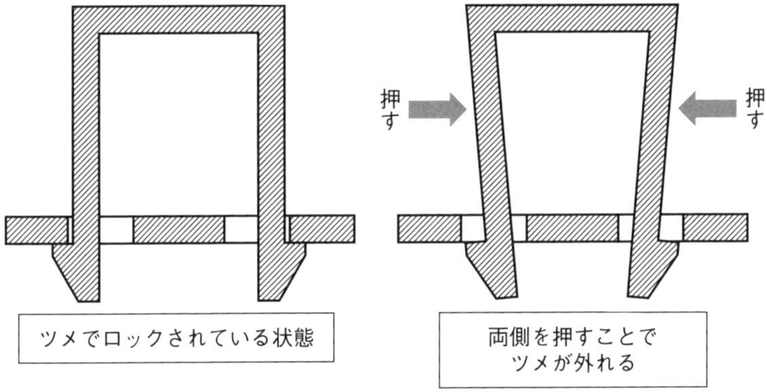

図4-6　部品を両側から押すことでツメが外れる形状

なるほど確かにこの形状なら簡単に外せますね。

そうだよね。もう一つ追加すると無理やりたわませて押し外す方法もある。ツメの引っかかる部分に角度を付けたり、ツメの幅を調整することで外れやすさは調整できるんだ（**図 4-7**）。

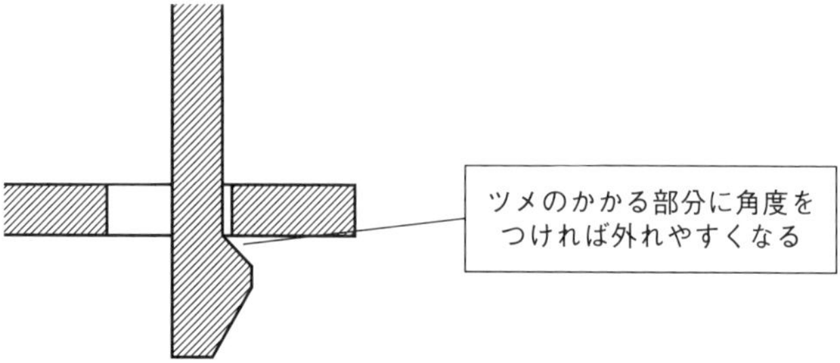
ツメのかかる部分に角度を
つければ外れやすくなる

図 4-7　外れやすさは調整できる

気をつけないといけないのは、ツメが外れるためのたわみの分、相手の形状に隙間を設けること。この隙間がないとツメがたわむことができずに外れなくなってしまうので必ず守らないといけない（**図 4-8**）。

わかりました。

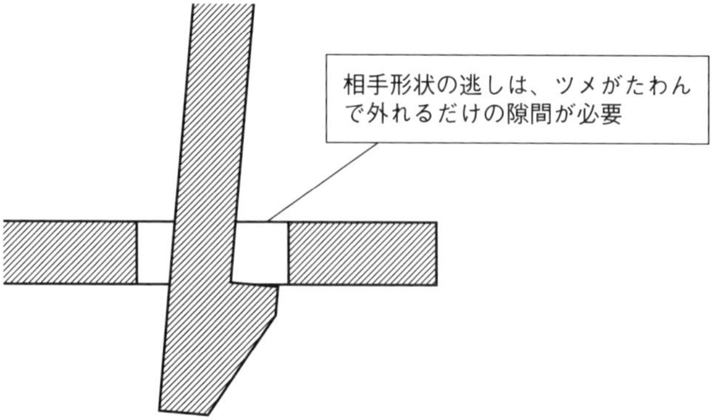
相手形状の逃しは、ツメがたわん
で外れるだけの隙間が必要

図 4-8　相手部品の形状に隙間を設ける

(2) 道具を使って外す（作業者が外す）

ユーザーには外してほしくないけど作業者は外す必要がある場合には、ツメの形状に工夫をする必要がある。**図 4-9** ①でははめると指で押せないので、ユーザーだけではなく作業者も外すのが難しい。

そうですね。これだと誰がやっても外すのは苦戦しそうです。

そこで**図 4-9** ②のように相手部品にツメを押すための穴を設定し、ドライバーなど別の道具を用いて押すことでツメを外せるようにするといい。

なるほど、確かにツメを外すのが手間になりますね。

厳密にいえばユーザーも道具を使えばツメを外せるんだけど、指で外すのと道具を使って外すのとでは手間が明らかに違うし、場所を工夫すれば製品のわかりにくいところに設定することもできる。だからユーザーに外されたくない部分にはこのぐらいの工夫が必要だね。

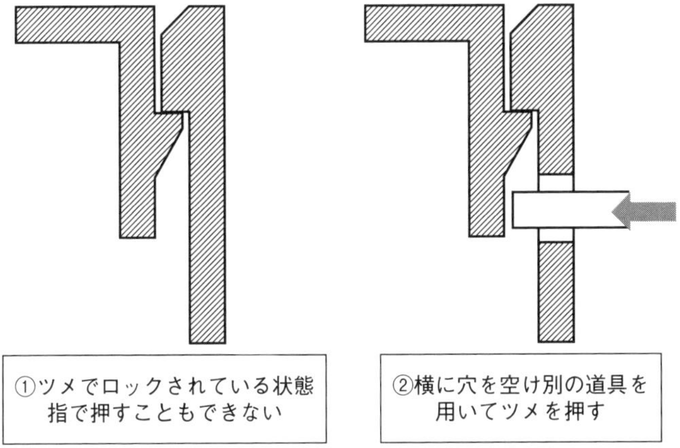
①ツメでロックされている状態
指で押すこともできない
②横に穴を空け別の道具を
用いてツメを押す

図 4-9　作業者が外す場合

(3) 外さない（はめ殺し）

最後に完全に外さない、いわゆるはめ殺しといわれるツメの設定方法だ。

さきほどの図 4-9 ①がそうですか？

うん、あれもはめ殺しといえばはめ殺しになるんだけど、さらに構造を詰めたいと思う。

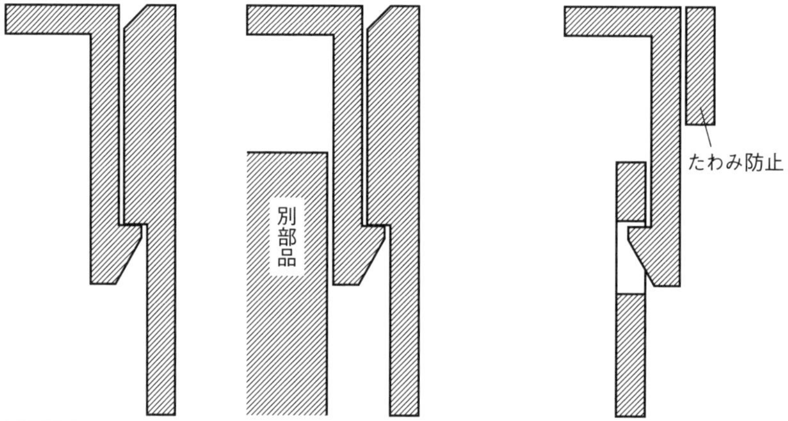

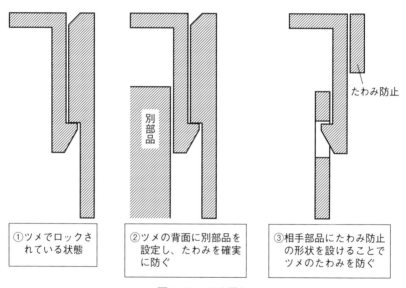

①ツメでロックされている状態

②ツメの背面に別部品を設定し、たわみを確実に防ぐ

③相手部品にたわみ防止の形状を設けることでツメのたわみを防ぐ

図 4-10　はめ殺し

まずは**図 4-10** ①の構造を見てほしい。箱状の製品であればツメの角度に気をつければこれではめ殺しとしては十分効果的だ。ただし、樹脂は収縮するので複雑な形状の製品だとこれだけでは確実性は低い。だから確実にはめ殺しにするために、ツメのたわみを物理的に防ぐ必要がある。例えば、**図 4-10** ②のように別の部品がツメの背面にくるよう

に設定したり、**図 4-10 ③**のように相手部品にたわみ防止の形状を設定することで、確実にたわみを防ぎ、部品が外れない設定にすることができるんだ。

なるほど、こうすれば確実に外れない製品が設計できるんですね。

そうだね。ここまですれば、そう簡単に外れることはない。ただ厳密にいえば、ツメをはめているだけなので強引に外せてしまう可能性はある。それとツメを設定すると、ツメの分だけ製品が大きくなったり、アンダーカット形状ができてしまうというデメリットもある。

3. 接着剤や溶着などでカバー同士を接着する方法

え、そうしたらどうすればいいんでしょう？

そこで最後に出てくるのは部品同士を接着する方法だ。

接着というと接着剤を使ってつけるということでしょうか？

そうだね。それもひとつの手段だ。接着剤の場合は部品を合わせる部分に接着剤を垂らすことになるけれど、樹脂の種類によって使える接着剤の種類が決まっているので注意が必要になる。接着剤も無色透明なものなら良いが、青色や黒色の接着剤もあるので白や透明といった製品であれば注意が必要になる。

なるほど。

接着剤を使った接着のほかに、樹脂を熱することで溶かして接着する「溶着」という方法もある。溶着に関してはいくつか種類があるので、代表的なものを**表 4-1** にまとめて紹介する。

お願いします。

これらの方法は、さきほどのツメに比べて「接着」をするので確実に部品同士を締結することができる。その代わり接着剤が必要になったり、溶着のための形状を設計に反映させたり、溶着のための専用機が必要になる。どの方法も一長一短あるので製品に対する条件で最適な方法を選択するといいね。

表 4-1　溶着の種類

	方法	説明
内部から加熱	振動溶着	加圧と振動により、接着面に摩擦熱を発生させ溶融し溶着する方法
内部から加熱	超音波溶着	超音波振動と加圧で樹脂部材同士を溶融して接合する方法
内部から加熱	スピン溶着	部材を回転させながら加圧することで接着面に摩擦熱を発生させ、溶融溶着する方法
外部から加熱	レーザー溶着	レーザー光を照射することで接着面に熱を発生させ、樹脂を溶融し溶着する方法
外部から加熱	熱板溶着	加熱した熱板で樹脂を溶融し、樹脂が冷えて固まるまでに加圧して接合する方法
外部から加熱	熱溶着	コテやヒーターで樹脂を溶融し、結合する方法。ピンやボスを溶かしてカシメるように結合する

4-2 部品同士の合わせ方

ここまでで樹脂部品の締結方法については理解してくれたと思う。

はい、よくわかりました。

次に話をしたいのが締結した部品の合わせ、部品同士が合わさる部分の設計方法だ。

合わさる部分ですか？

そう。部品が合わさる部分はその製品の外観のイメージを左右する重要な要素で、その設定の仕方によっては部品同士がずれてしまったりして外観不良となってしまう場合がある。箱同士を合わせた場合、**図 4-11** のような断面になるのはわかるよね。

特に問題はなさそうですね。

うん、パッと見は問題なさそうだよね。これだと部品同士がずれる可能性がある。

確かにこの断面だけ見るとズレそうですけど、さきほど教えていただいた締結をすれば、ズレは回避できないんでしょうか？

確かにしっかりと締結すれば位置はズレなさそうだけど、実際には樹脂は成形時に収縮する。その収縮が原因できれいに合わせるのは非常に困難といえる。

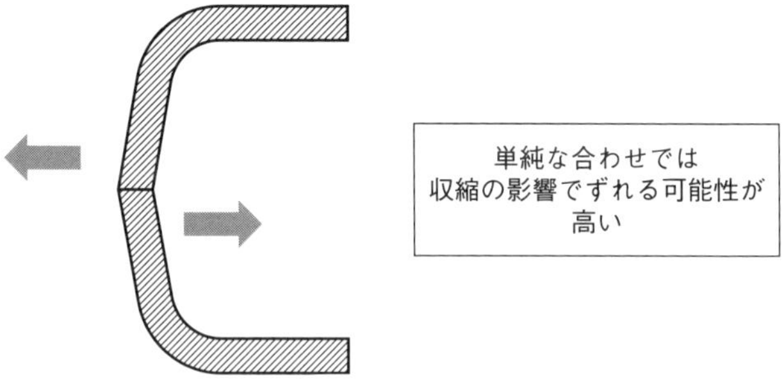

単純な合わせでは
収縮の影響でずれる可能性が
高い

図 4-11　部品同士が合わさる部分の断面図

ズレてしまうと金型を修正しなければいけなくなるので、あらかじめズレ対策を製品設計の段階でしておくのが良いね。

なるほど。どのようにすれば良いですか？

２段階で考えてみよう。まずは１段階目として合わせ部分に互い違いの形状を作成してズレを矯正する。

なるほど！ 矯正することでズレはなくなりますね！ これで十分な気がしますけど……

うん、これでも十分なんだけど、樹脂が収縮することを考慮するともう少し対策しておきたいんだ。それが２段階目で、先端に隙間を設ける。

え！？ 隙間を作ってしまうんですか！？

そう。樹脂が収縮するのは何度も言っているとおりなんだけど、その収縮が原因で、１段階目の処理をしても微妙なズレや変形を避けるのが非常に難しいんだ。そこであえて隙間を設けることで、微妙な変形をその隙間で吸収してしまうんだ（図 4-12）。

なるほど。そうすることで、きれいに合うようになるんですね。

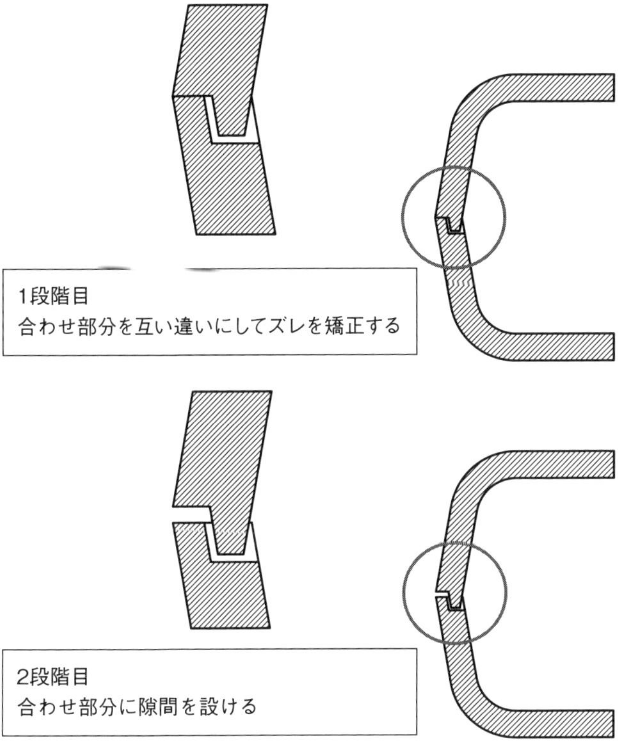

1段階目
合わせ部分を互い違いにしてズレを矯正する
2段階目
合わせ部分に隙間を設ける

図 4-12　変形を隙間で吸収する

4-3 防水機構

樹脂の筐体設計をしていると、しばしば課題となるのが防水機構だ。特にIoT機器のような内部に基板や電子部品が入るような製品であれば防水は必ずしなければならない。

確かに家の外で使うか、中で使うか使用する場所でも変わってきますね。

そうだね。その製品の構成や使用環境によって防水の設定の必要性が変わってくる。

何か目安はあるんでしょうか？

あるよ。防水にはIPコードと呼ばれる規格が世界的に使われていて、IPコードの数値によって**表4-2**のようにどのレベルの防水について保護できるかを示しているんだ。

表4-2　水に対する保護のIPコード

保護等級	IPコード	保護のレベル・定義
0	IPX0	無保護
1	IPX1	鉛直に落下する水滴から保護
2	IPX2	15度以内で傾斜しても鉛直に落下する水滴から保護
3	IPX3	散水に対して保護
4	IPX4	水の飛まつに対して保護
5	IPX5	噴流に対して保護
6	IPX6	暴噴流に対して保護
7	IPX7	水に浸しても影響がないように保護
8	IPX8	潜水状態の使用に対して保護

JIS C 0920より作成

それぞれの数値に対して防水の方法があるんですか？

う～ん、それが難しいところなんだ。防水についてはさまざまな方法があるんだけど、製品の形状や使用方法によって同じ防水方法でも効果が変わってくる。だから、防水に対してはこの方法が正解というのは難しく、製品に対して防水試験を行うのが必須となる。

なるほど、単純にこの等級ならこの方法ってわけにはいかないんですね……

そういうことだね。**図4-13**におもな防水方法を紹介するので、いろいろな条件から最適と思われる方法を採用して、最終判断は防水試験次第ということになるね。

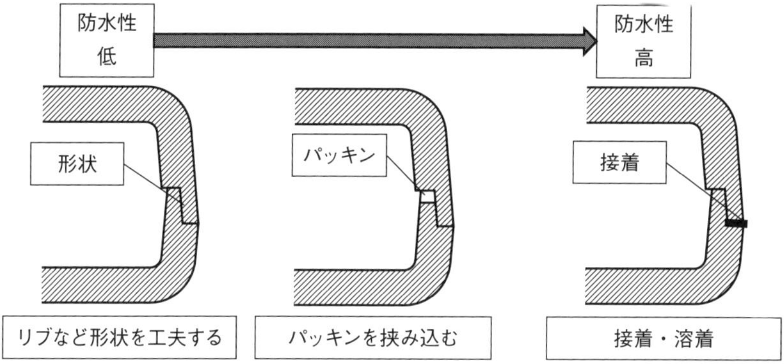

図4-13　おもな防水方法

防水と同じように課題になるのが防塵だけど、これも基本的には考え方は同じで、IP規格があってそれに応じて防塵に対する設計を進め、試験を行うということになる。

わかりました。

4-4 組立を意識して設計をする

その製品に使用される部品点数が2、3点であれば、そこまで組立性を考える必要はないかもしれないけれど、10点、20点と部品点数が増えれば増えるほど、その製品の組立性やメンテナンス性、バラしやすさに頭を悩ませることになる。実際にデータ上は、組んだ状態で設計されているので、成立している形状もいざ組み立てようとしたら組み立てられない、メンテナンスがしづらいなどといったことは多々ある。だからそこまで意識して設計をしなければいけない。

確かにせっかく設計をしても組み立てられなければ意味ないですよね……

そういうことだね。気をつけるべき点は多々ある。よくあるのが次の5つだ。

1. 指やツールが入らずに部品が取り付けられない
2. 配線がまとまらない、配線が邪魔で組み付けづらい
3. 調整が必要な部品なのにも関わらずはめ殺しの構造になっている
4. 上下逆に取り付けてしまう
5. リサイクルを意識した分解ができない

第5章

よくある成形上の不具合とその対策

5-1 ヒケ・ボイド

さて、ここまで量産を意識した樹脂製品の設計について勉強してきたわけだけれど、それでも射出成形で製品を成形していくと、さまざまな成形不良が起こる。射出成形で成形された製品で起こる不具合の原因は、成形時の成形条件を調整して解決できる場合も多く、厳密にいえば製品設計には関係がないこともある。しかし、仮に成形条件が原因だったとしても、それを知っておくことで対策も取りやすくなる。ここでは金型のことを含めて設計で解消できるものを中心に紹介していくので、知識として知っておくとよいね。

よろしくお願いします。

ヒケ	製品の表面が窪んでしまう現象。厚肉部分やリブ、ボスが裏側にあると発生する
ボイド	製品内部に気泡は発生してしまう現象。透明な樹脂では一目瞭然だが、それ以外の色の樹脂では気づかない場合もある

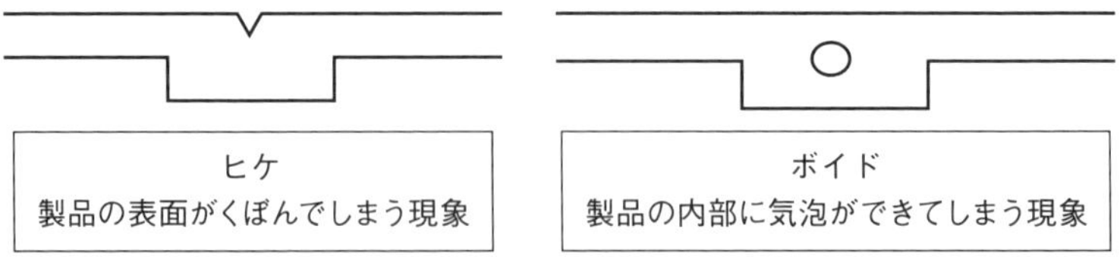

ヒケ
製品の表面がくぼんでしまう現象
ボイド
製品の内部に気泡ができてしまう現象

図 5-1　ヒケとボイド

まずはヒケとボイドだ（図 5-1）。

あれ？ 肉厚を説明していただいたときにでてきましたね？

そうだね。樹脂の製品をよく見てみると表側が凹んでいることがある。それがヒケで、樹脂の成形品ではよく見られる現象なんだ。ボイドは、製品の内部に気泡が発生してしまう現象のことだ。ヒケとボイドは現象に違いはあるけれど、その原因は同じで成形時の温度差が原因となって生じる現象なんだ。

温度差ですか。

樹脂は通常は固体だが、成形時には高温で熱してドロドロの液体の状態で射出される。要するに金型の中で高温の樹脂が冷却固化されて固体となって製品として成形されるわけだ。この樹脂が液体の状態と固体の状態では体積に差がある。この体積差を収縮率というんだけど、液体のときより固体のほうが収縮率分小さくなるんだ（収縮率については巻末付録参照）。

なるほど。

樹脂が冷却固化されるときに、均一に冷却固化されるのであればいいけれど、実際には冷え方にはその部位で差がでてしまう。断面でみた場合、樹脂よりも温度が低く、熱伝導がよい金型に面している表面のほうが早く固化し、対して内部は表面よりゆっくり固化してしまう（**図 5-2**）。その際に外部の樹脂は収縮して内側に向かって縮みながら固まってしまう。その縮んだ分が「ヒケ」となって成形品の表面にでてしまうんだ。

「ヒケ」が内部の収縮に表面が引っ張られる現象であるのに対して、「ボイド」は内部が表面に引っ張られるために起こる現象だ。成形時にヒケとボイドのどちらが出るのかを一概に予測することは難しい。ヒケは表面にでているので見つけやすいが、ボイドは透明な樹脂でも使わない限りパッと見はわからないため注意が必要だね。

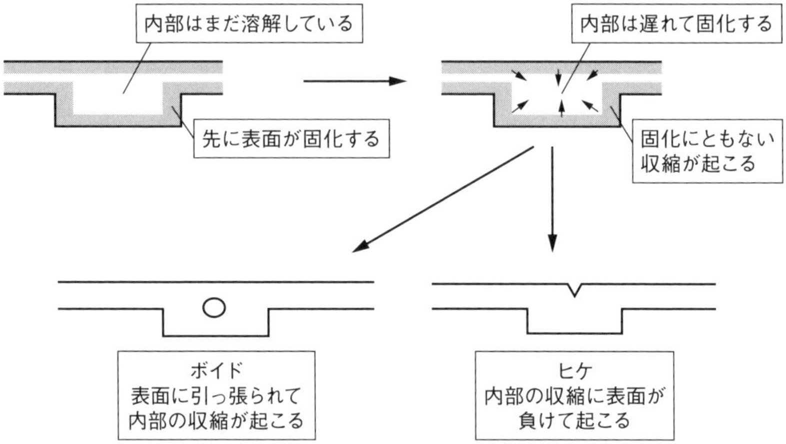

図 5-2　ヒケとボイドができるまで

正直に言えば、ヒケが発生してしまうのは樹脂が収縮する以上は完全に抑えることは難しい。

でも、表面がヒケてしまうとそれは外観不良で製品としてNGですよね？

そうだね。見えない部品ならいいけれど、外観部品であればそれはNGになるね。だから極力抑えるように対策をとる必要がある。肉厚の話は覚えてるかな？

はい、肉厚をできるだけ均一にする話でしたよね？

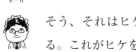

そう、それはヒケの話でも同じことで、極端な肉厚部分を避ける。これがヒケを抑えるポイントなんだ。製品の肉厚が厚ければそれだけ表面と内部に温度差が生じやすくヒケが生じやすくなってしまう。特に厚肉部と薄肉部が混在していると厚肉部にヒケが生じて薄肉部と

の外観に差が生じてしまい、よりヒケが目立つことになるんだ。だから製品の肉厚は最適な肉厚で、できる限り均一にすることが望ましいんだ。第1章で説明した肉厚の説明と重なる部分もあるけれど、改めて肉厚の対策例を載せておくよ（**図5-3、図5-4**）。

お願いします。

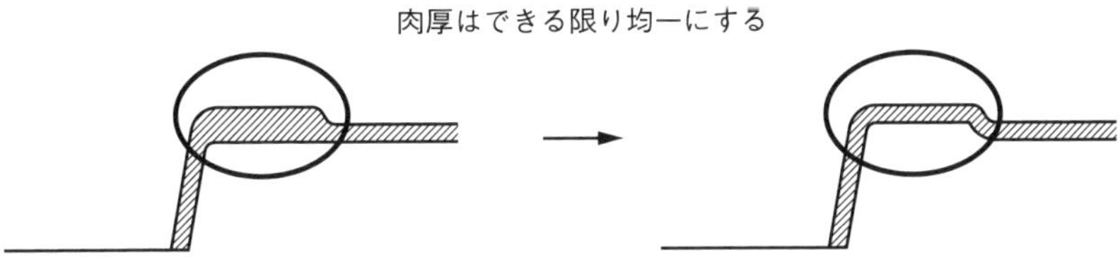

図5-3　肉厚の対策（その1）

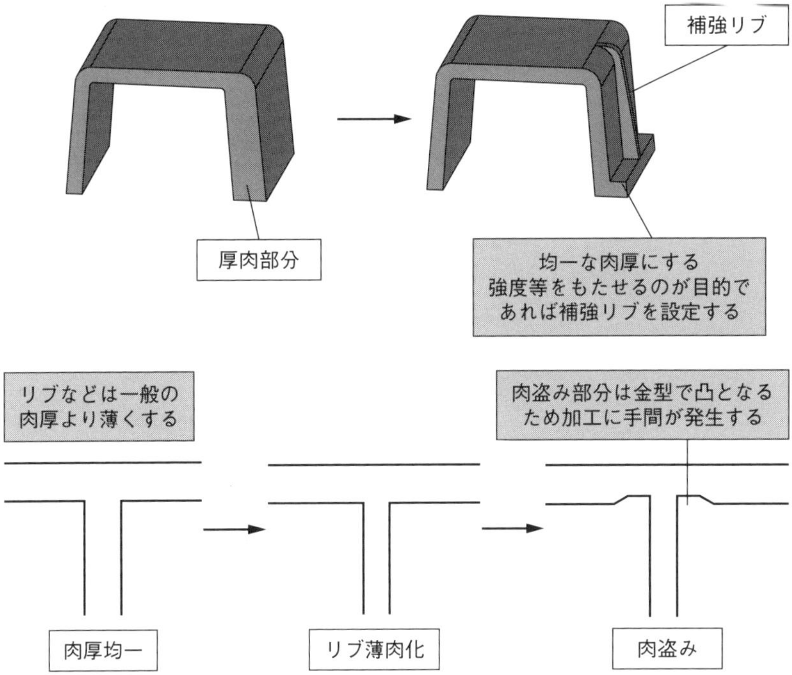

補強リブ
厚肉部分
均一な肉厚にする
強度等をもたせるのが目的であれば補強リブを設定する
リブなどは一般の肉厚より薄くする
肉盗み部分は金型で凸となるため加工に手間が発生する
肉厚均一
リブ薄肉化
肉盗み

図5-4　肉厚の対策（その2）

5-2 ソリ

ソリ	成形品が本来の形状より反ってしまう現象。成形収縮率が影響する

次はソリだ。

ソリですか？

そう。そのままの意味だけど、板状の製品が湾曲してしまたり、四角い成形品で壁が内側に反ってしまったりする現象だ（**図 5-5**）。

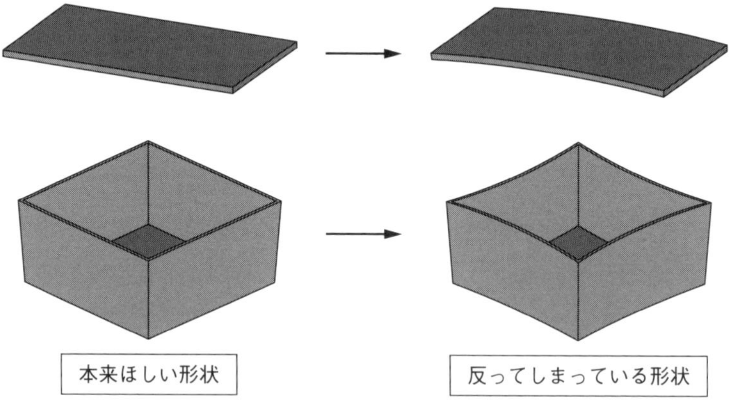

図 5-5　ソリ

あ、こういう形状はよく見かけますね。

そうだね。逆にいえば、それだけ起きやすい現象といえるよね。この発生原因は、大きく２つに分けることができる。それが成形時の温度差と圧力差だ。

成形時ということは、デザインや製品設計の段階では関係ないということでよろしいんでしょうか？

それは甘い。確かに原因は成形時ではあるけれど、対策としては製品設計の段階から十分な対策ができるし、しなければならない。

なるほどわかりました。

特に温度差だ。温度差によるソリは、ヒケと同様に樹脂の収縮と温度差が原因となって生じる現象だ。例えば製品形状が板状で、片側の面が低温、反対の面が高温の場合には、その温度差で収縮に差が生じ製品が反ってしまう（図 5-6）。

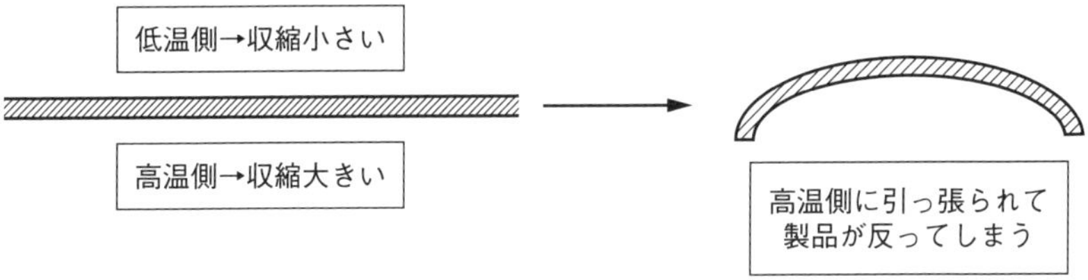

図 5-6　温度差によるソリ

このような板状の製品に、温度差が生じる原因として考えられる最大の要因となるのが金型の温度差だ。金型に温度差があれば製品の表裏に温度差が生じるので反りが発生しやすくなる。理論的には金型の温調を均一にすればこのような反りは発生しないということになるが、正直に言えば完全に均一な温度にするのは難しいと言わざるを得ない。そのため、このような板状の製品はどうしても「ソリ」が出やすくなってしまうんだ（図 5-7）。

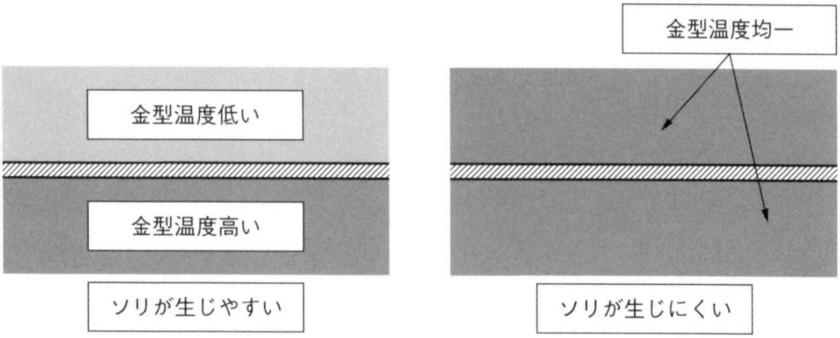

図 5-7　金型の温度とソリ

次にＬ字の形状をみてみよう。この形状でよく見られる不具合が、倒れ込んでしまうという不具合だ。これは反っているというよりは倒れ込んでいるという表現が最適だけど、ソリと同じ温度差が原因の変形になる（図 5-8）。

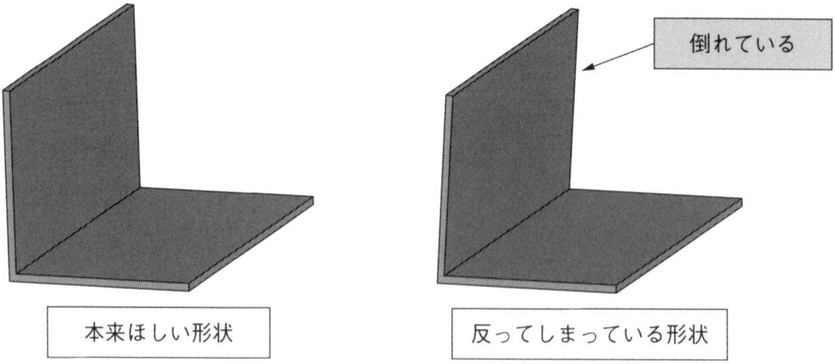

図 5-8　Ｌ字形状のソリ

よくありますね。これも原因は同じなんですね。

断面を見てみるとＬ字形状の内側と外側で金型に接している面積が異なるのがわかるかな？

内側の面積が小さいですよね？

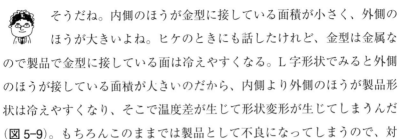

そうだね。内側のほうが金型に接している面積が小さく、外側のほうが大きいよね。ヒケのときにも話したけれど、金型は金属なので製品で金型に接している面は冷えやすくなる。L字形状でみると外側のほうが接している面積が大きいのだから、内側より外側のほうが製品形状は冷えやすくなり、そこで温度差が生じて形状変形が生じてしまうんだ(図5-9)。もちろんこのままでは製品として不良になってしまうので、対策をしなければならない。

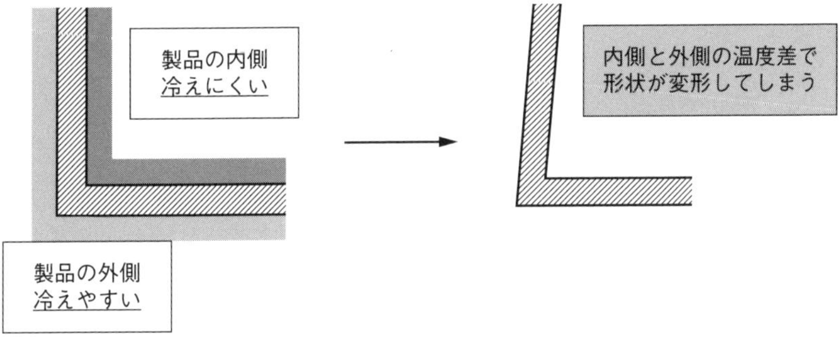

図5-9　L字形状のソリの対策

結局、さきほどの板形状もこのL字形状も温度差なんですね。そうなるとやはり成形のときに温度を均一にしてもらうしか方法がなさそうですけど……

うん、もちろん成形時に条件を調整して良品を成形してもらうのは当然お願いしたいけれど、設計で詰めれるところは詰めておきたいよね。

それはそうですね。

製品設計での具体的な対策としては2つ考えられる（図5-10）。

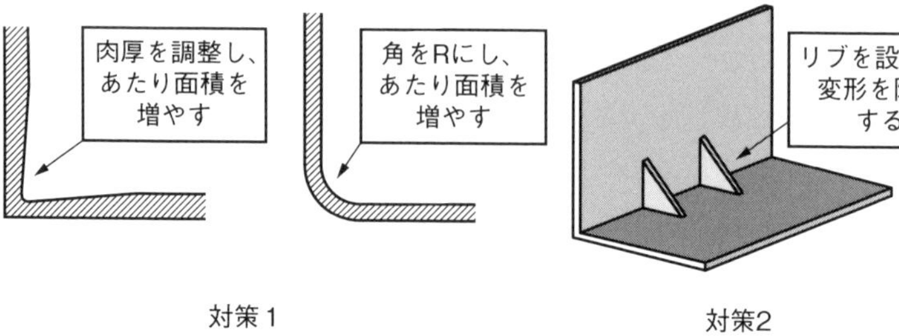

図5-10　温度差によるソリの対策

対策1　肉厚や角Rを調整する

製品形状の外側に対して内側が金型に当たる面積が小さいためにこのような変形が起こるわけだから、製品の肉厚を調整するなどして内側と外側のあたり面積の差を少なくすることで温度差をなくす。厳密に同面積にすることは難しいかもしれないが、極力差を小さくすることで今回のような変形を軽減させることができる。

対策2　変形防止のリブを設定する

変形に対してリブを設定し補強することで変形を防止する。補強リブを入れる方法は製品の強度を増すためにもよく使用される方法であり、さまざまな樹脂製品で見ることができる。ただしリブを設定すると製品の外観にヒケが出やすくなってしまうので設定には注意が必要となる。

なるほど。このような対策を製品設計の段階ですることで成形時の変形を抑えることができるんですね。

そういうことだね。

5-3 ショートショット

ショートショット	樹脂が製品の端末に行き渡らずに完全に充填していない状態

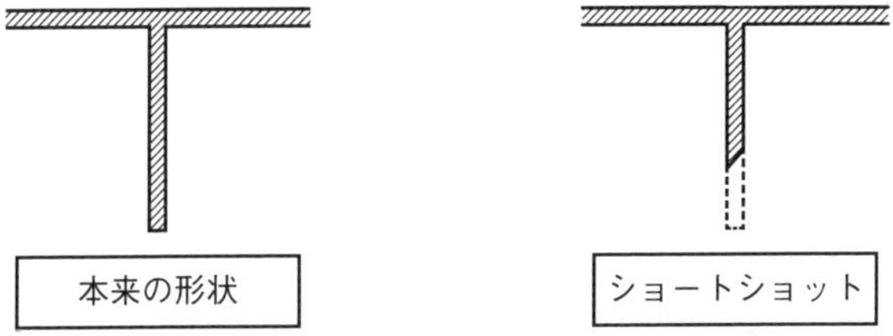

図 5-11　ショートショット

樹脂が製品全体に万遍なく行き渡らなかった状態をショートショットといって、製品で見ると製品の一部が欠けている状態になる（**図 5-11**）。

これは明らかに不良ですね……

そうだね。ショートショットの原因には金型が関係しているんだ。だから少し金型のことを説明したい。本来ほしい形状を金型でみると**図 5-12** の右図のような形になるよね？

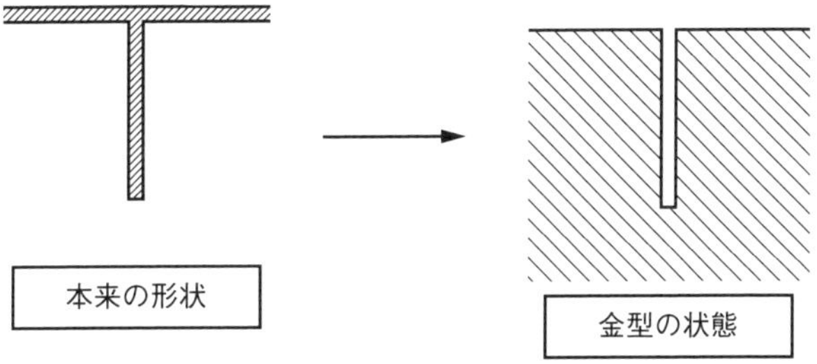

図 5-12　金型の形状確認

はい。そこに樹脂が流れるわけですよね。

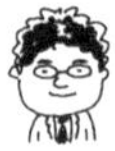

そういうことだね。樹脂が流れる前はその部分はただ空気が入っている状態で、そこに樹脂が流れていくと空気の逃げ場がなくなってしまう（**図 5-13**）。わかるかな？

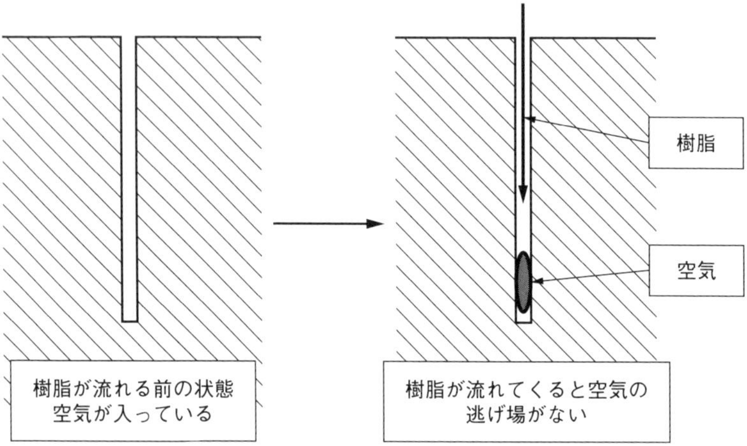

図 5-13　空気が入っている状態

たしかに空気の逃げ場はないですね。

その逃げ場のない空気が原因でショートショットが生じてしまうんだ。そのような場合には、金型上で別部品を設定して対策するのが一般的な方法になる（**図 5-14**）。

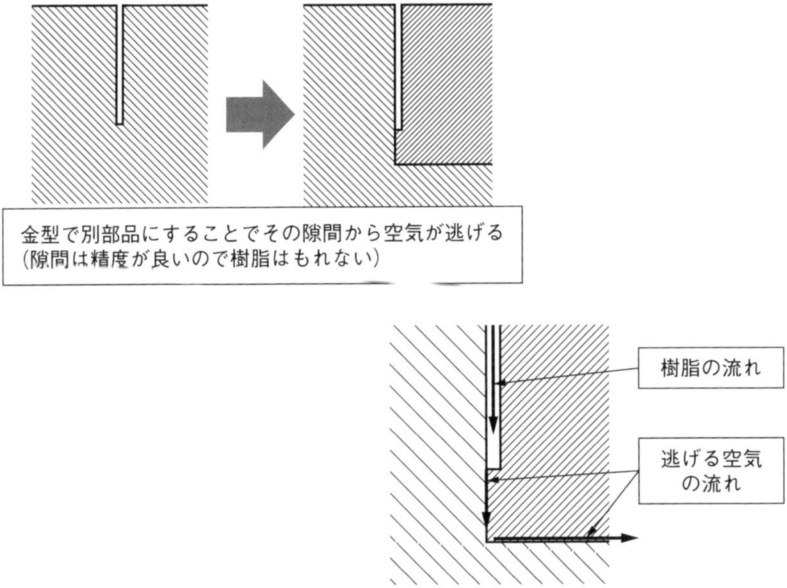
金型で別部品にすることでその隙間から空気が逃げる
(隙間は精度が良いので樹脂はもれない)
樹脂の流れ
逃げる空気
の流れ

図 5-14　ショートショットの対策

これだと製品設計では対策しようがないということですね。

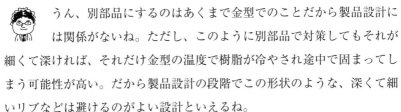

うん、別部品にするのはあくまで金型でのことだから製品設計には関係がないね。ただし、このように別部品で対策してもそれが細くて深ければ、それだけ金型の温度で樹脂が冷やされ途中で固まってしまう可能性が高い。だから製品設計の段階でこの形状のような、深くて細いリブなどは避けるのがよい設計といえるね。

5-4 ウェルドライン

ウェルドライン	溶融樹脂が合流した部分にできるスジ。ウェルドラインが発生した箇所は強度が著しく下がる

ウェルドラインというのは製品に**図5-15**のようなスジができてしまう現象のことをいうんだ。このウェルドラインは射出成形ではよく見られる現象で、スジが出ているので外観不良になってしまうのは当然だが、さらに強度も著しく落ちてしまうんだ。

それは防ぎたいですね。

うん。防ぎたいところなんだけど、正直にいうとウェルドラインを完全に防ぐことは非常に難しいんだ。

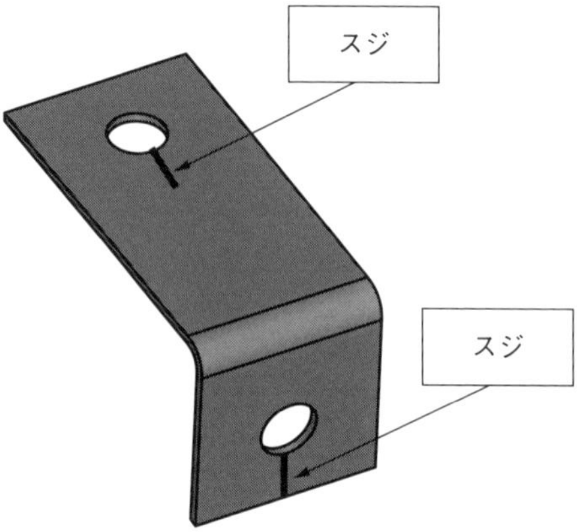

図5-15　ウェルドライン

ええ！　そうなんですか！？

ただ。ウェルドラインが発生する位置を予測・調整することはできる。だから外観や強度を意識して、その製品のどこにウェルドラインを発生させるかを製品設計の段階で考慮することができるんだ。

まずはウェルドラインが発生する仕組みをみてみよう。射出成形では金型内部を溶融された樹脂が流れるわけだけど、厳密にいうと溶融樹脂の外部と内部では温度差があり、外部のほうが冷めやすく内部に比べて固化しやすい（図 5-16）。

ヒケやソリのときにもでてきた話ですね。

そうだね。それだけ樹脂の温度変化が成形において重要なことがわかるよね。さて、金型内部で流れる樹脂はどこかで合流する。流動する樹脂の先端は固化しているから、きれいに混ざることはできず合流部分に線ができてしまう。この線がウェルドラインとなるんだ。このウェルドラインは線として残るので外観不良となってしまうだけでなく、固化している樹脂同士が合流するため樹脂が混ざりきらず、そのためウェルドラインが出ている部分は強度が著しく落ちてしまう。

なるほど。これは防ぐのが難しそうですね……

そう思うよね。完全に防ぐことは難しいけれど発生する位置を予測することは可能なのでうまく発生位置を調整してあげるといいんだ。

調整ですか？

例として板状の製品に穴が空いている場合を見てみよう。樹脂は穴の部分で左右に分かれて穴の向こう側で再び合流する。その合

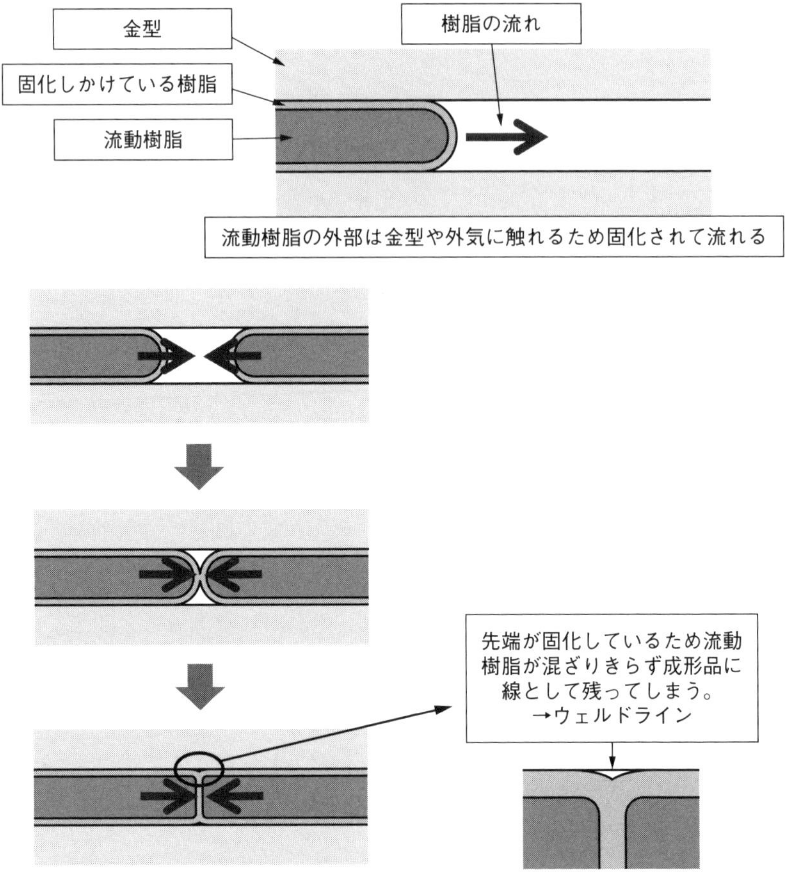

図 5-16　ウェルドラインが発生する仕組み

流地点にウェルドが発生することになる（**図 5-17**）。もし、左側から樹脂を流入した場合、ウェルドラインは穴の右側に発生する。この場合、穴と製品の端面が近いためウェルドラインがつながってしまう。逆に右側から樹脂を流入した場合、当然ウェルドラインは穴の左側に発生するんだけど、穴と製品の端面が遠いためラインがつながらないんだ。ウェルドラインが発生している場所は製品の強度が著しく落ちる。この例のようにウェ

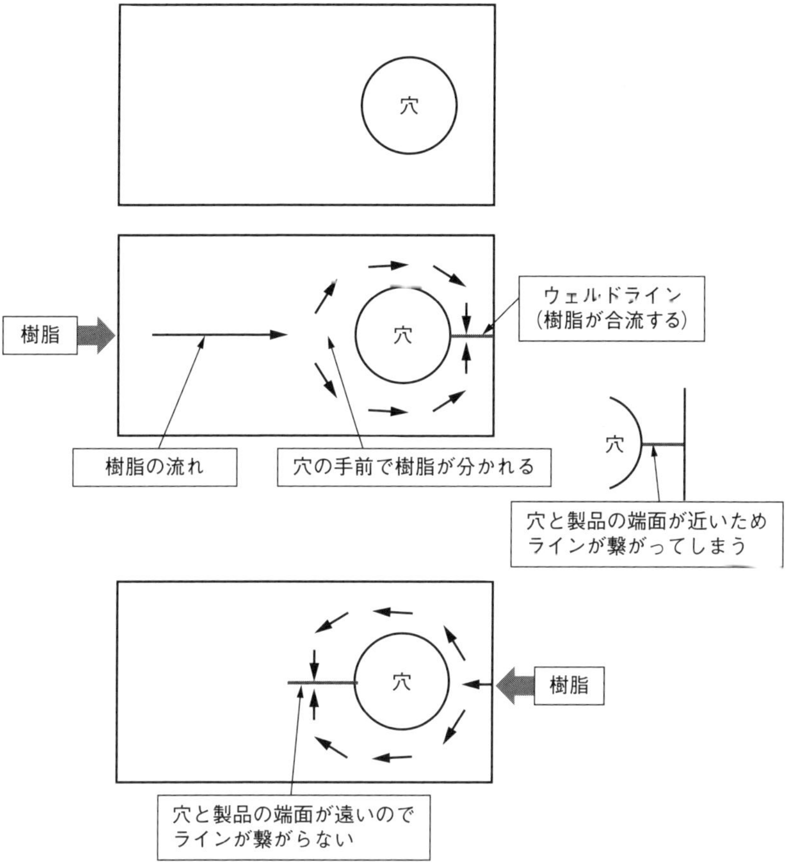

図 5-17　ウェルドラインの発生位置の調整

ルドラインが繋がってしまっている場合と繋がっていない場合では、ウェルドラインが繋がっているほうが製品が弱くなるのは明らかだよね。

なるほど確かにそのとおりですね！！

樹脂の流入を決めるのは、製品設計よりは金型設計の範疇だけど覚えておいたほうが良いよね。

5-5 バリ

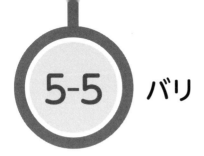

バリ	パーティングラインに溶融樹脂が入り込んでできる薄肉

バリはパーティングラインの説明をしていただいたときにも少し出てきましたよね？

うん、そうだね。改めて説明すると、バリというのはパーティングラインに樹脂が入り込んでしまってできる薄肉のことをいうんだ。というと少しわかりづらいかな？

そうですね。少し……

わかりやすくいうと、たい焼きで生地がはみ出てることがあるよね？

はい、私はそのはみ出ている部分、好きです。

そのはみ出ている生地がバリなんだ（図 5-18）。たい焼きであればお得感があってよいけれど、成形品では当然 NG となる。

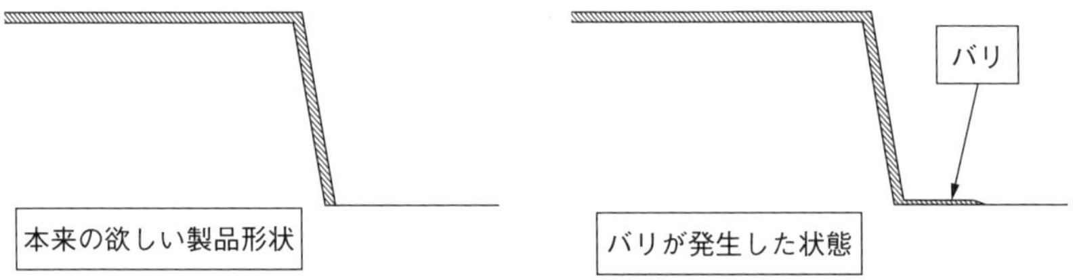

図 5-18　バリ

このバリの発生原因は大きく３つ考えることができる。

1. 成形を繰り返すことで金型が摩耗し発生する
2. 成形機の型締め力が製品に対する射出圧力に負けている
3. パーティングラインの変化が複雑で合わせが困難

１と２に関しては完全に金型の範疇なので製品設計の段階で意識する必要はないから今はいいとして、問題は３だね。

３ですか。

複雑なパーティングラインを避けたほうがよいという話は前にもしたけれど、パーティングラインが複雑になると金型の調整・合わせが難しくなってしまい、バリなどの不具合が発生しやすくなる。だからパーティングラインは可能な限り単純な面にするのがいいんだ（**図 5-19**）。

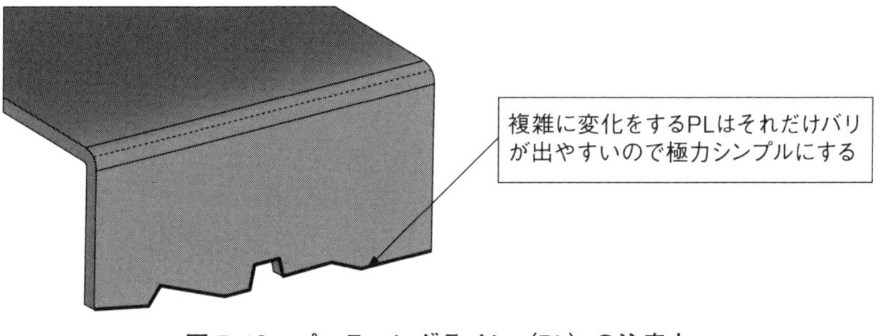

複雑に変化をするPLはそれだけバリ
が出やすいので極力シンプルにする

図 5-19　パーティングライン（PL）の注意点

5-6 その他のおもな成形不良

成形の不良って本当にいろいろとあるんですね（表5-1）。

そうだね。実は成形不良はまだまだある。金型設計による部分も大きいので詳細の説明は省略するけれど、製品の外観に影響する部分なので覚えておくといいね。

わかりました。

表5-1　さまざまな成形不良

名称	現象
ジェッティング	ゲートから出た樹脂が蛇行して模様として現れる現象
フローマーク	樹脂の流動が急変する部分に生じる樹脂の流れが模様として出てしまっている現象
シルバーストリーク	成形品の表面にきらきらした、すじ状の模様が発生する現象
樹脂焼け	製品の一部が黒く焼け焦げる現象
光沢不良	樹脂表面が本来の光沢を失った現象
白化現象	製品の一部に無理な力がかかって白くなってしまう現象
擦り傷	金型からの離型時に製品にすり傷がつく現象

基本的には今まで説明してきたことを守って製品設計を進めて、細かい部分は金型メーカーと打合せしながら仕上げていくのが理想だよ。

はい！　いい製品を作るために早速打合せしてきます！！

付録

射出成形金型の基本の基

○樹脂設計における名称

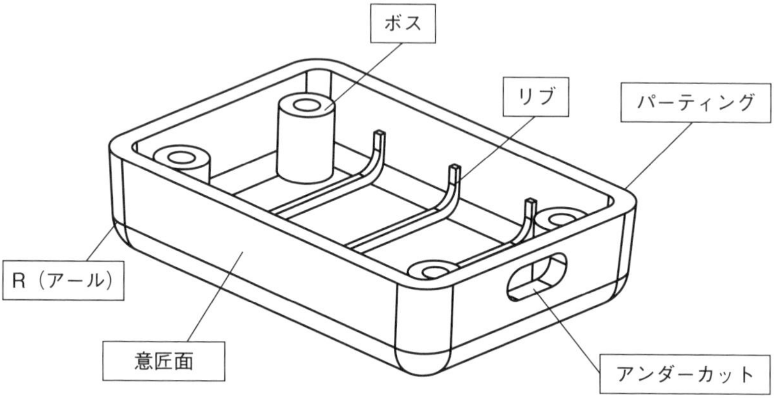
ボス
リブ
パーティング
R（アール）
意匠面
アンダーカット

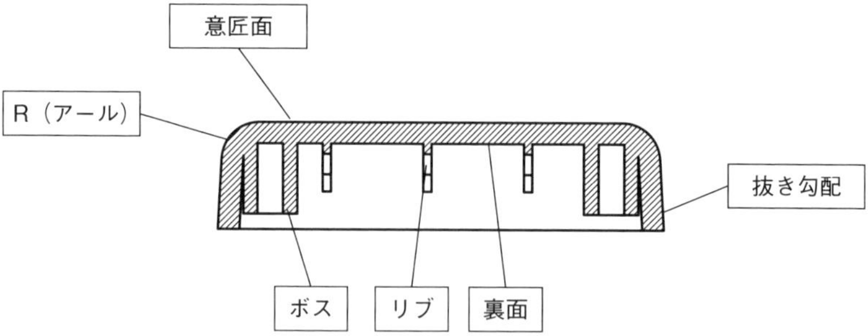
意匠面
R（アール）
抜き勾配
ボス
リブ
裏面

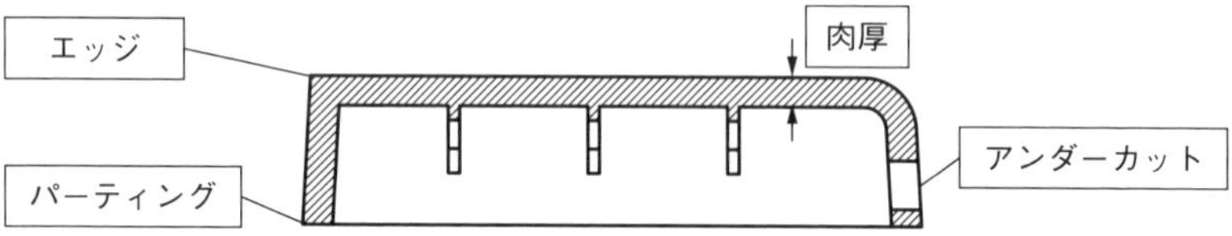
エッジ
肉厚
アンダーカット
パーティング

名称	説明
意匠面	製品の表面形状。製品として目に見える側の面
裏面	意匠面の裏側。製品として目に見えない側の面
ボス	他の部品と組み合わせるための台座や穴
リブ	強度を向上させるための補強形状
アンダーカット	通常の金型の動作では成立しない形状
パーティング	製品が金型で分割される部分
抜き勾配	製品を金型からスムーズに取り出すためにその製品自体につけた角度
肉厚	製品の厚み
R（アール）	製品の角に丸みがついている状態
エッジ	製品の角が尖っている状態

○収縮率

樹脂は、製品の状態では固体であるが、金型に流すときは液体である。固体と液体の状態では体積が異なる。その体積比のことを収縮率という。この樹脂の収縮が原因でさまざまな成形不具合が生じる。

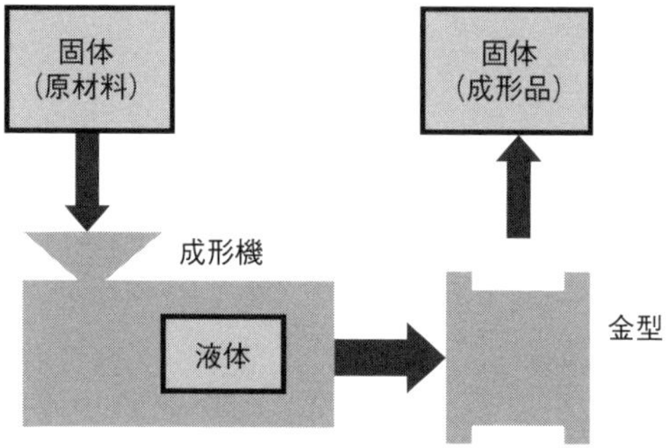

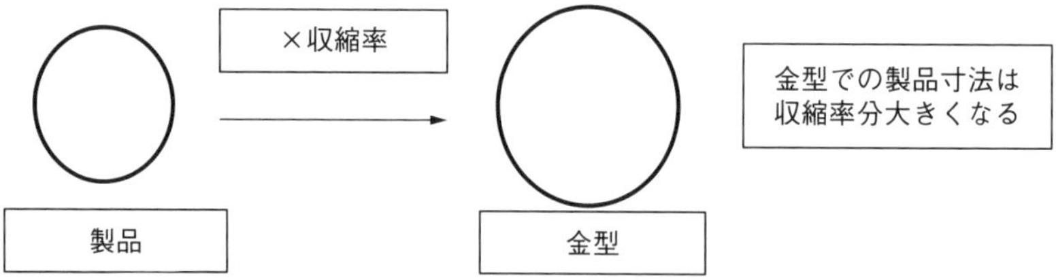

◯金型の基本構造

金型の基本構造は大きく固定側と可動側で構成される。固定側は成形機から樹脂が射出される側であり、可動側は成形品を金型から突き出す側になる。

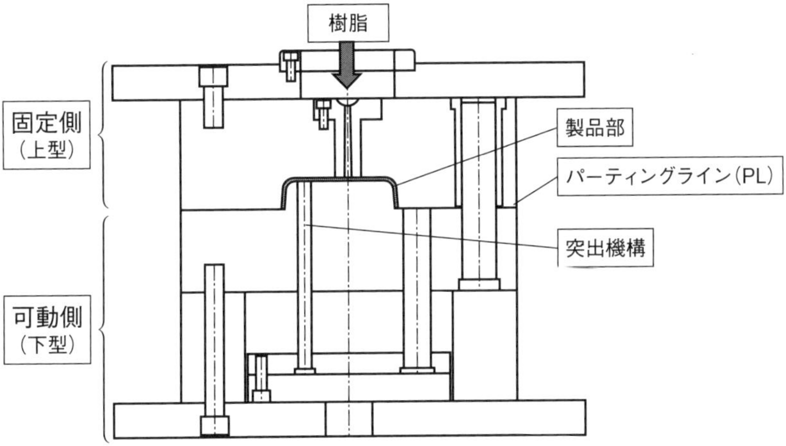

○金型の基本的な動き

1. 金型が閉じている状態（図 1）
2. 成形機から樹脂を射出し充填、保圧を加える（図 2）
3. 樹脂を冷却固化した後、金型を開く。このとき製品は可動側につく（図 3）
4. 突出機構により、製品を金型から引き離す（突出機構は製品に跡が残る）（図 4）
5. 成形品を金型から取り出す（図 5）
6. 次の成形をするために金型が閉じる（図 6）
7. 金型が完全に閉じて初めの状態に戻る（図 7）

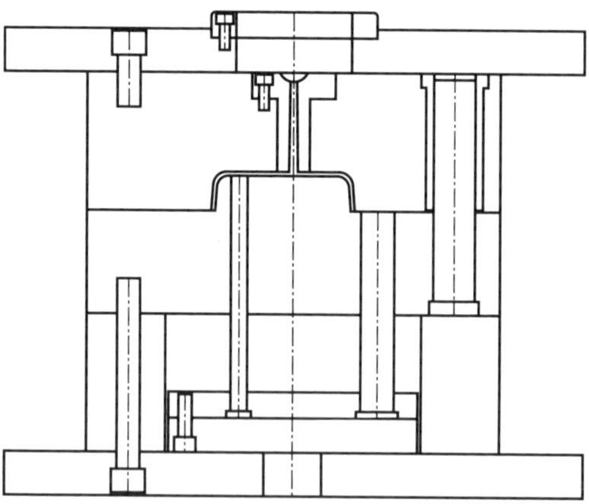

図 1　金型が閉じている状態

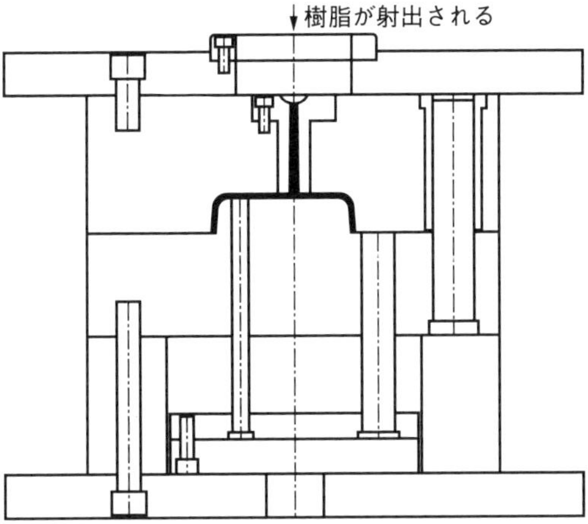

図２　樹脂の射出

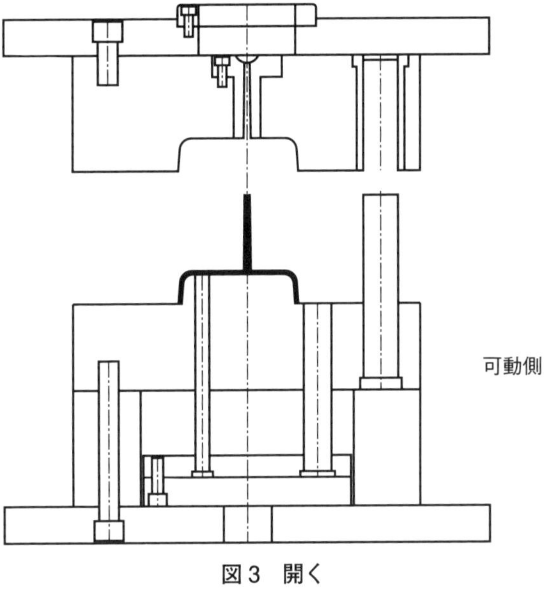

図３　開く

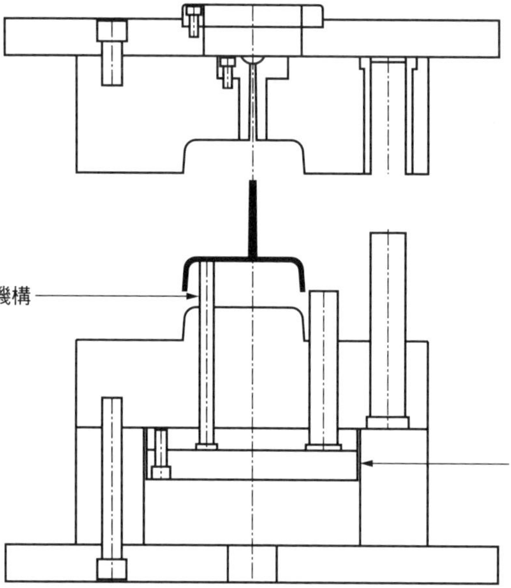

図4　製品を引き離す

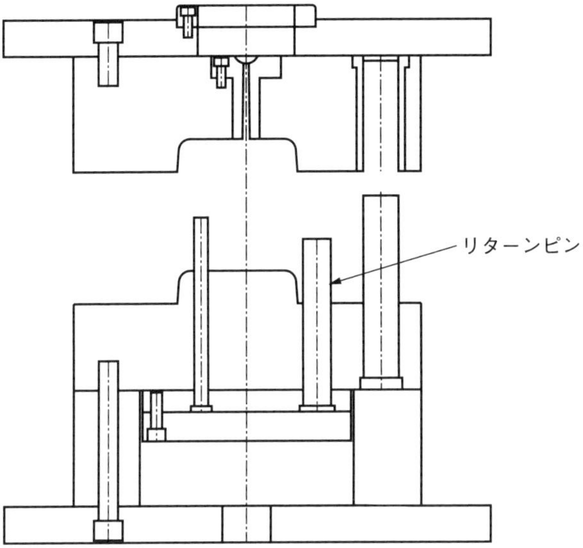

図５　成形品を取り出す

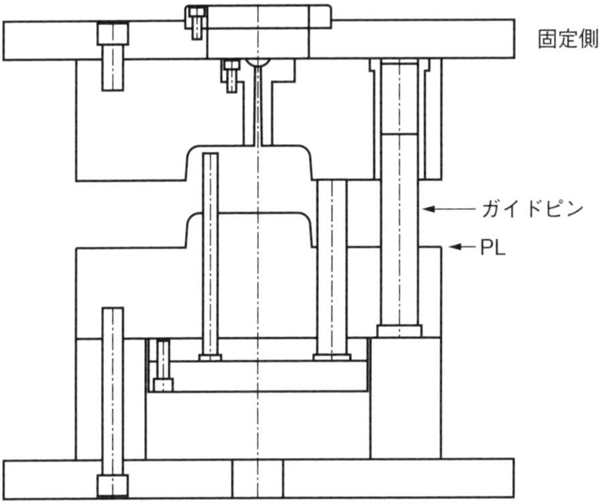

図６　閉じる

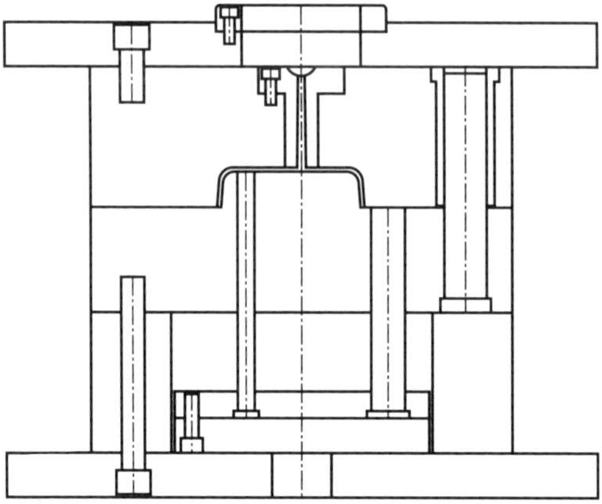

図７　完全に閉じる

参考文献

「金型設計者1年目の教科書」落合孝明、日刊工業新聞社

「すぐに使える　射出成形金型設計者のための公式・ポイント集」
落合孝明、日刊工業新聞社

「200の図とイラストで学ぶ 現場で解決！射出成形の不良対策」横田明、日刊工業新聞社

「初級設計者のための実例から学ぶプラスチック製品開発入門」
大塚 正彦、日刊工業新聞社

「基礎から学ぶ　射出成形の不良対策」本間精一、丸善出版

「金型技術者・成形技術者のためのプラスチック材料入門」高野菊雄、日刊工業新聞社

JISC 日本産業標準調査会　https://www.jisc.go.jp/

アイティメディア　MONOist
金型設計屋2代目が教える「量産設計の基本」
http://monoist.atmarkit.co.jp/mn/kw/kyanagata.html
金型設計屋2代目が教える「金型設計の基本」
http://monoist.atmarkit.co.jp/mn/kw/kyanagata2.html

索　引

●著者略歴

落合　孝明（おちあい　たかあき）

1973年生まれ。株式会社モールドテック代表取締役（2代目）。「作りたい」を「作れる」にする設計屋として、「デザイン」と「設計」を軸にアイデアや現物をリバースしたデータ製作から製造手配まで、製品開発全体のディレクションを行っている。文房具好きが高じて立ち上げた町工場参加型プロダクトブランド「factionery」では、第27回 日本文具大賞 機能部門 優秀賞を受賞している。
モールドテックのWebサイト：https://mold-tech.co.jp/

著書
「金型設計者１年目の教科書」（日刊工業新聞社）
「すぐに使える　射出成形金型設計者のための公式・ポイント集」（日刊工業新聞社）

NDC 566

プラスチック製品設計者１年目の教科書

2021年 6月30日 初版1刷発行　　定価はカバーに表示してあります。

発行者　井水治博
発行所　日刊工業新聞社　〒103-8548 東京都中央区日本橋小網町14番1号
書籍編集部　電話03-5644-7490
販売・管理部　電話03-5644-7410　FAX 03-5644-7400
URL　https://pub.nikkan.co.jp/
e-mail　info@media.nikkan.co.jp
振替口座　00190-2-186076

印刷・製本　美研プリンティング㈱

2021 Printed in Japan　落丁・乱丁本はお取り替えいたします。
ISBN　978-4-526-08147-7 C3053